建筑给水排水设计常见问题解析

刘振印　张燕平　主编

中国建筑工业出版社

图书在版编目（CIP）数据

建筑给水排水设计常见问题解析/刘振印，张燕平主
编. —北京：中国建筑工业出版社，2016.10
ISBN 978-7-112-19718-7

Ⅰ. ①建… Ⅱ. ①刘… ②张… Ⅲ. ①建筑-给水
工程-工程设计②建筑-排水工程-工程设计 Ⅳ. ①TU82

中国版本图书馆 CIP 数据核字（2016）第 199459 号

本书总结了建筑给水排水设计中的常见问题分析及解决办法；对部分问题给
出错误图示与正确图示，指出错误图示的错误点；对工程设计中的一些疑难点和
设计计算繁琐点作了较细的拟算及说明。

本书深入浅出、图文并茂，所述问题针对性强、内容实用，非常适合从事建
筑给水排水工程设计的工作者阅读和使用，也可作为技术培训和教学之用的教材。

责任编辑：于　莉　刘爱灵　田启铭
责任设计：谷有稷
责任校对：王宇枢　李美娜

建筑给水排水设计常见问题解析

刘振印　张燕平　主编

*

中国建筑工业出版社出版、发行（北京海淀三里河路9号）
各地新华书店、建筑书店经销
霸州市顺浩图文科技发展有限公司制版
北京圣夫亚美印刷有限公司印刷

*

开本：880×1230毫米　1/16　印张：10¼　插页：4　字数：317千字
2016年10月第一版　2017年5月第二次印刷
定价：**48.00**元
ISBN 978-7-112-19718-7
（29192）

序

刘振印先生是中国建筑设计院有限公司的顾问总工程师，享受国务院政府津贴专家，长期从事建筑给水排水的设计及科研工作，具有丰富的理论及实践经验，特别在建筑热水领域，引领行业的发展。张燕平女士是中国建筑设计院有限公司的高级工程师，从事建筑给水排水设计长达 36 年，亦积累了许多宝贵的经验。本书是刘振印先生与张燕平女士根据近 20 年来在中国院进行设计审图、图纸抽查、工程回访、设计评优及参加行业性的相关工作中发现的设计质量问题，整理编写而成的培训教材基础上完成的。本书是以实际工程中设计院给水排水设计师易发生的设计问题为切入点，以"常见问题"及"剖析与修正"的方式展开，指出问题的原因，造成的后果，给出问题相关联的国家规范条款的规定，并给出正确处理问题的措施。图纸是工程师的语言，本书图文并茂，既有错误的图纸表达也有正确的图纸表达，便于读者比较。本书给出的设计图样对设计师在工程设计中提高设计水平也具有很高的参考价值。

建筑给水排水设计涉及的内容繁杂，既有传统的室内给水排水，还有室外给水排水（小区给水排水），室外水资源的综合利用，消防水及气体灭火，给水深度处理（管道直饮水系统、游泳池水处理），污水处理（建筑中水、雨水处理），中水、雨水的回收与利用，是工程建设的重要组成部分。提升给水排水的设计质量是实现节水、节能、绿色、环保的源头保证，本书的出版发行将对给水排水设计师技术能力的提升起到积极的促进作用。

中国建筑设计院有限公司　副院长、总工程师

赵　锂

前言

　　建筑给水排水专业的设计质量对保证小区与建筑物的施工质量，保证用户使用安全、适用、节能、节水、环保等均有重要影响。中国建筑设计院有限公司历年来水专业由总工程师、顾问总工程师负责定期举办建筑给水排水专业设计人员质量问题的培训讲座，以提高设计者的质量意识，保证工程设计质量。

　　本书作者将近二十年来通过校图、审图、查图、工程回访、工程评优、评奖等工作发现的设计质量问题多次整理编写成培训教材，在院内外对专业设计人员宣讲。

　　本书系作者在历次培训教材的基础上对建筑给水排水设计中常见问题再次整理汇总，并对问题的剖析与修正进行补充完善编写而成。

　　其主要特点和内容为：

　　1. 常见问题分类列出

　　本书以"常见问题"与"剖析与修正"两栏的格式编写，"剖析与修正"栏与"常见问题"栏对应。指出问题错在何处，将引起何种后果。针对问题引出相应规范、标准的条款，提出正确处理、解决问题的方案或措施。

　　2. 图文并茂

　　本书对部分问题给出错误图示与正确图示，并指出错误图示的错误点，能使读者一目了然，记忆深刻。

　　3. 难点和繁点突出

　　本书对工程设计中的一些疑难点和设计计算繁琐点作了较细的拟算及说明，如：

　　（1）以实际工程的屋面雨水溢水口设计计算为例，列出了详细设计计算过程，提出了溢水口的布置要点。

　　（2）管道设备保温涉及面广，尤其是防冻保温厚度的设计计算很繁琐，本书就此列出了几种不同工况下的保温层厚度计算表，并对防冻保温的适用范围提出了建议。另外还列表表示不同介质的管道隔热保温、防露保温在采用不同保温材料下的保温层厚度。

　　（3）水加热器的设计选型计算是热水部分设计计算的重点和难点，本书结合即将出版的国家标准图集《水加热器选用及安装》16S122的修编，列出了导流型容积式、半容积式、半即热式、板式等各种水加热器的设计选型、计算实例。

　　（4）采用过热蒸汽为热媒制备热水，其换热过程复杂。本书列出了其换热原理及传热系数的计算方法。

　　4. 引入了全面修编的《建筑给水排水设计规范》2016年版送审稿中热水部分的部分内容。

　　太阳能热水供应系统、集中热水供应系统的循环系统是本次《建筑给水排水设计规范》全面修编热水部分的重点修编内容，本书结合"常见问题"引入了上述部分的相关条款，可供读者先行应用。

　　5. 样图展示

　　本书末尾添加了8张附图。其中附图2、附图3为消火栓系统与自动喷水系统的小区总系统示意图，对指导读者如何绘制小区总系统示意图有参考价值；附图5～附图8分别为高位水箱间、换热间、公共卫生间放大图，这些图的设计深度，满足要求，图面布置、线型及字体搭配较好。尤其是换热间的设备布局，管道与阀门的整齐布置等均可供读者参考。

　　本书列出的大部分内容均经中国建筑设计院有限公司赵锂、赵世明、郭汝艳总工程师的校审。本书编写过程中得到杨澎、安岩、王睿等同志的大力帮助。在此致谢。

　　本书错误和不适之处请读者斧正。

编者

2016.06

目录

1. 首页 图面

1.1 首页

首页内容含设计说明、图纸目录、引用标准图目录、设备和主要器材表及图例。

1.2 设计说明

常见问题	剖析与修正
1. 施工图设计说明不规范、内容不全、套用其他项目说明未作全面删改，小子项套用项目总说明未突出本子项内容等	1. 设计说明的内容及作用： 1）简述工程概况； 2）概述该项目（子项）给水排水设计依据、系统； 3）着重说明施工、安装中注意事项； 4）说明图面所不能或难以表达清楚的内容。 2. 深度要求： 1）设计依据； 2）工程概况； 3）设计范围； 4）给水排水系统； 5）设备材料选用，施工、安装、验收要求等； 6）节水、节能、环保等技术要求； 7）需二次深化设计的内容，技术条件、设计施工验收要求； 8）其他图面中表达不了的内容 详细内容见住房和城乡建设部《建筑工程设计文件编制深度规定》建质〔2008〕216 号（以下简称《设计深度》）。 3. 套用其他项目设计说明时，应作全面删改。 4. 子项设计说明不宜套用项目总说明，如套用应突出本子项的设计内容。 5. 推荐国家标准图《民用建筑工程给水排水设计深度图样》S901～902 中的"设计施工说明"作范本
2. 引用标准、规范不准确或遗漏重要标准	1. 应引用现行的国家标准，即"标准"的出版年号不应过时。 2. 与给水排水设计相关的国家重要标准如《城镇给水排水技术规范》GB 50788—2012，《民用建筑节水设计标准》GB 50555—2010 等不应遗漏。 3. 相关的地方标准应补上
3. 给水排水市政条件不清楚、不全或缺	1. 给水排水市政条件含给水、排水的可供该工程接管的外网管径，具体连接点（井）的位置、标高等，有市政热力者含热媒介质（热水、饱和蒸汽、过热蒸汽）、温度、压力及供热条件等。

常见问题	剖析与修正
	2. 上述条件是给水排水设计依据，必须具备，当建设方暂时不能提供或无准确资料时应在设计说明中叙述清楚，明确责任。 3. 设计说明如不明确上述内容，将易造成工程事故。如广州××工程，因室外排水井管底标高搞错，室外排水管施工时，接合处管道标高位于市政管之下。又如有的工程，在市政给水两路供水接管不明确的条件下，未设计室外消防给水系统，一旦工程投入使用后失火，设计将承担法律责任
4. 以说明代图 如：1）热水供、回水管上设伸缩节、固定支架； 2）灭火器布置均只有说明，图中不表示	1. 图纸是工程的语言，凡能在图面中表示者，均应在图中表示清楚。如热水供回水管上的伸缩节、固定支架图例应分别在系统展开图（立管）、平面图（横管）上表示清楚，但图中不能表示清楚的伸缩节的材质、伸缩量、固定支架的做法等则应在说明中写清楚。同理，灭火器应用图例在平面图中表示，但灭火器的灭火剂及级别具数等应在说明中表示。 2. 施工单位按图施工，一般是施工安装哪一层就随身带该层图。如平面图或放大图没有表示上述内容，就易造成漏装或返工
5. 雨水系统设计说明存在的问题： 1）缺暴雨强度公式； 2）设计计算参数不全； 3）一些重要建筑的屋面雨水重现期偏低； 4）屋面雨水溢流措施缺或表述简单	1. 屋面雨水系统设计涉及屋面结构安全和影响顶层用户的居住环境，多年来由于屋面雨水的排水不畅，防水施工质量差等造成屋面严重积水、漏水事故，个别工程还发生过局部结构倒塌压死人的严重事件。 2. 工程当地的暴雨强度公式是雨水系统的设计依据，当地没有暴雨强度公式时则应与建设方商讨解决办法，如参考临近城市的暴雨强度公式。计算雨水量所需的径流系数 ψ、降雨历时 t 均可按《建筑给水排水设计规范》GB 50015—2003（2009 年版）（下简称《建水规》）4.9.4、4.9.6 条取值。 3. 设计重现期应按《建水规》4.9.5 条规定的参数选取。如有的城市标志性建筑"体育中心"屋面雨水重现期选用 5 年，偏低，宜为 10 年。 4. 屋面溢流措施是保证屋面结构安全的重要组成部分，因屋面雨水系统在施工及使用中很难保证雨水管完全畅通尤其是虹吸雨水横管，管径小，坡度很小，又长期不能形成虹吸流冲刷管道，更易淤塞。一旦雨水管堵塞或者降雨强度超过设计重现期的强度时，雨水将从溢水口溢出，保证屋面不会造成严重积水。 5. 雨水系统的设计说明，应说明屋面雨水溢水系统的形式，当采用溢流口时，应通过计算注明溢流口的高度、尺寸和个数，并在建筑及本专业屋面图中表示清楚。 溢流口设计计算举例如下： [示例] 北京××高层办公楼，屋面面积为 $F=900\text{m}^2$ 拟采用 87 斗雨水排水系统，设 5 个 DN100 雨水斗，设计雨水重现期 $P=10$ 年，径流时间 $t=5\text{min}$，径流系数 $\psi=0.9$，采用在女儿墙上设溢流口的措施，溢流超重现期的雨水，屋面雨水总排水能力按 $P=50$ 年计算。 试计算溢流口的个数及尺寸。 [计算] 1）计算 $P=10$ 年的降雨强度

常见问题	剖析与修正
	$$q_{10} = 2001(1+0.811 \lg P)(t+8)^{0.711}$$ $$= 2001(1+0.811 \lg 10)(5+8)^{0.711}$$ $$= 585 \text{L/(s} \cdot \text{hm}^2)$$ 2）雨水排水量 Q_1 $$Q_1 = qF = 585 \times \frac{900}{10000} = 52.65 \text{L/s}$$ 3）DN100 的 87 型雨水斗最大泄流量为 12L/s，采用 5 个雨水斗，总排水量为 $12 \times 5 = 60 \text{L/s} > Q = 52.65 \text{L/s}$ 满足 $P = 10$ 年的排水量要求。 4）溢流口设计计算 （1）$P = 50$ 年的雨水量： $$q_{50} = 2001(1+0.811 \lg 50)(t+8)^{0.711}$$ $$= 768 \text{L/(s} \cdot \text{hm}^2)$$ （2）溢流雨水量 $$Q_2 = (q_{50} - q_{10})F = (768 - 585) \times \frac{900}{10000}$$ $$= 16.47 \text{L/s}$$ （3）溢流口按平口堰计算： $$Q_2 = 385b(2g)^{\frac{1}{2}}h^{\frac{3}{2}} \quad (\text{L/s})$$ 式中 b——溢流口宽度（m），取 $b = 0.6$m； g——重力加速度，$g = 9.81$m/s²； h——堰前水头（m）。 （4）拟设三个溢流口，其 h 的计算高为 $$h^{\frac{3}{2}} = \frac{Q_2/3}{385b(2g)^{\frac{1}{2}}} = \frac{16.47/3}{385 \times 0.6 \times (2 \times 9.81)^{\frac{1}{2}}}$$ $$= 0.00536$$ $$h = 0.031 \text{m}$$ （5）设计溢流口尺寸为 600×70mm，其中水位高 $h = 31$mm。 5）溢流口的设置高度及其注意点： （1）溢流口一般设在女儿墙上，女儿墙处防水卷材上返高度一般为 250mm 左右，溢流口底可紧贴防水卷材边缘设置。 （2）屋面最大雨水积水厚度由结构专业允许的屋面活荷载确定。如本例题中，屋面活荷载允许雨水积水厚度为 300mm，即溢水口底离屋面高 250mm＋堰前水头 31mm＝281mm，可满足屋面积水厚度＜300mm 之要求。 （3）因屋面有排水坡度，所以溢水口应尽量靠近雨水斗，这样可使溢水口底与雨水斗处屋面高差缩小，当屋面出现重现期雨水量及雨水系统出现堵塞时能及时溢水。 （4）溢水口布置应避开建筑物出入口，以保证行人的安全

常见问题	剖析与修正
6. 管道、设备的防冻、隔热、防露问题： 1）防冻、隔热、防露三者一体说明； 2）东北地区工程套用北京地区防冻保温层厚度； 3）不同管径采用同一保温层厚度； 4）北京地区"非采暖房间给水排水管作防冻保温＋电伴热"； 5）所有给水排水管均作防露保温； 6）内蒙古地区工程管道仅作防冻保温； 7）消防管道作防露保温； 8）遗漏冷却塔循环水管、补水管，蒸汽管、凝结水管、热媒水管等的隔热保温； 9）保温材料未注明防火要求	1. 管道、设备的保温分防冻保温、隔热保温和防结露保温三种保温类型。防冻保温指管道和设备中的水在冬季冰冻的地区，在非采暖房间应采取的保温防冻措施。隔热保温指热水系统的设备、管道（含热媒系统）作保温层以减少热散失，冷却循环水与补水管作保温层能减少太阳光热能辐射引起管中水的温升。防结露保温指防止夏季管道和设备中的冷水温度低于空气露点温度时，外壁产生结露水珠，影响环境、腐蚀管道与设备。 2. 应根据不同保温类型选择相应的保温措施、保温材料和保温厚度。 1）管道防冻： （1）作保温层防冻 ① 管道的防冻保温层厚度须经计算确定，其计算公式如下： $$\ln\frac{D}{d}=2\pi\lambda\left[\frac{KZ}{G_1C_1+G_2C_2\ln\dfrac{t_1-t_0}{t_4-t_0}}-R_1\right] \tag{1-1}$$ 式中　D——保温层外径（m）； 　　　d——管道外径（m）； 　　　λ——保温材料的导热系数（kJ/(m²·h·℃)）； 　　　K——支、吊架影响修正系数，一般室内管道 $K=1.2$，室外管道 $K=1.25$； 　　　Z——冻结时间（h）； 　　　G_1——单位长度内介质质量（kg/m）； 　　　C_1——介质的比热（kJ/(kg·℃)）； 　　　G_2——单位长度管道或设备质量（kg/m）； 　　　C_2——管道或设备材料的比热（kJ/(kg·℃)）； 　　　t_4——介质的终温（℃），一般按0℃计； 　　　t_1——介质的温度（℃）； 　　　t_0——周围空气温度（℃），结合当地"极端最低温度"及管道所在位置确定； 　　　R_1——管道保温层放热阻力（m·h·℃/kJ），取值见表1-1；

管道保温层外表面向空气的放热阻力 R 表　　　　表1-1

管道公称直径 DN(mm)	25	32	40	50	100	125	150	200
放热阻力 R (m·h·℃/kJ)	0.084	0.075	0.07	0.054	0.042	0.035	0.028	0.023

② 计算例题：

[示例]　已知：外径 $d=32$mm 的钢管，单位长度的质量为：$G_2=1.62$kg/m，单位长度内水的质量为 $G_1=0.491$kg/m，钢管比热 $C_2=0.482$kJ/(kg·℃)，$R_1=0.084$m·h·℃/kJ，$K=1.2$，管内水的温度 $t_1=15$℃，周围空气温度为 $t_0=-5$℃采用泡沫橡塑制品保温，要求在2.5h内不冻结，试计算防冻保温层厚度？

常见问题	剖析与修正

[计算]

$$\ln\frac{D}{d}=2\pi\lambda\left[\frac{KZ}{G_1C_1+G_2C_2\ln\dfrac{t_1-t_0}{t_4-t_0}}-R_1\right]$$

$$=2\pi\times0.0386\left[\frac{1.2\times2.5}{(0.491\times4.187+1.62\times0.482)\ln\dfrac{15-(-5)}{0-(-5)}}-0.084\right]$$

$$=0.72$$

查表得:

$D/d=2.05$

则 $D=2.05\times32=65.6$

保温层厚 $\qquad\delta=\dfrac{65.6-32}{2}$

$\qquad\qquad\qquad=16.8\text{mm}$

DN32 钢管在管内水温 $t_1=15℃$，周围空气温度为 $-5℃$、$-10℃$、$-15℃$、$-20℃$ 及冻结时间为 6h、10h、15h 时的保温层计算厚度分别见表 1-2~表 1-4。

冻结时间为 6h 保温层厚度计算   表 1-2

λ	0.038	0.038	0.038	0.038
K	1.2	1.2	1.2	1.2
Z	6	6	6	6
DN	32	32	32	32
壁厚	3.5	3.5	3.5	3.5
G_1	0.491	0.491	0.491	0.491
G_2	1.62	1.62	1.62	1.62
C_1	4.187	4.187	4.187	4.187
C_2	0.48	0.48	0.48	0.48
t_1	15	15	15	15
t_0	-5	-10	-15	-20
t_4	0	0	0	0
R_1	0.08	0.08	0.08	0.08
B	1.832	2.772	3.665	4.539
$\ln(D/d)$	0.424	0.647	0.855	1.055
保温层厚度(m)	0.0084	0.0145	0.0216	0.0299

冻结时间为 10h 保温层厚度计算   表 1-3

λ	0.0386	0.0383	0.0380	0.0377
K	1.2	1.2	1.2	1.2
Z	10	10	10	10
DN	32	32	32	32
壁厚	3.5	3.5	3.5	3.5
G_1	0.491	0.491	0.491	0.491
G_2	1.62	1.62	1.62	1.62
C_1	4.187	4.187	4.187	4.187
C_2	0.48	0.48	0.48	0.48
t_1	15	15	15	15
t_0	-5	-10	-15	-20
t_4	0	0	0	0
R_1	0.08	0.08	0.08	0.08
B	3.054	4.621	6.108	7.566
$\ln(D/d)$	0.72	1.091	1.438	1.771
保温层厚度(m)	0.0169	0.0316	0.0514	0.0781

常见问题	剖析与修正

冻结时间为 15h 保温层厚度计算　　　　　　　　　　　表 1-4

λ	0.0386	0.0383	0.0380	0.0377
K	1.2	1.2	1.2	1.2
Z	15	15	15	15
DN	32	32	32	32
壁厚	3.5	3.5	3.5	3.5
G_1	0.491	0.491	0.491	0.491
G_2	1.62	1.62	1.62	1.62
C_1	4.187	4.187	4.187	4.187
C_2	0.48	0.48	0.48	0.48
t_1	15	15	15	15
t_0	-5	-10	-15	-20
t_4	0	0	0	0
R_1	0.08	0.08	0.08	0.08
B	4.581	6.931	9.162	2.167
$\ln(D/d)$	1.09	1.647	2.167	2.667
保温层厚度(m)	0.0297	0.0519	0.0873	0.144

③ 适用范围:

通过以上实例计算得知,采用保温层防冻的适用范围较窄,其适用条件如下:

a. 寒冷地区可用,严寒地区不可用,否则保温层太厚、太不经济;

b. 管内介质流动状态较好者可用,流动状态差或基本不流动者如消防管道不可用;

c. 室内远离直通室外的门、洞处,如不采暖地下车库远离车道出、入口的内区生活给水管可用,靠近者(一般在车道出入口 10～15m 内)的生活给水管不可用。

(2) 电伴热＋保温层防冻

适用范围:

① 严寒地区冬季不能断水的不采暖区域的室内给、排水管道;

② 寒冷地区上述不宜只作防冻保温层防冻的管道。

具体做法参见国标图集《管道和设备保温、防结露及电伴热》03S401 中有关电伴热部分图集。

(3) 泄空防冻

适用范围:

① 严寒地区冬季不使用的建筑,如一些地方的体育馆冬季不进行体育活动,可不用水。

② 冬季不运行的冷却水、水景循环水及补水等系统。

措施:在便于操作处设泄空阀,并设有相应的排水管道。

2) 隔热保温:

(1) 需作隔热保温的管道及设备

① 热水供水、回水干管、立管及其管件、阀件;

② 蒸汽、凝结水、热媒水供回水、太阳能集热系统管道及其管件、

阀门等；

③ 水加热器、膨胀罐、储热水罐、储热水箱等热水用设备及容器；

④ 冷却循环水管、冷却水补水管及其管件、阀门；

⑤ 热水入户供、回水支管一般不作保温层，因其占地大，不易更换保温层和维护管理。但敷设在垫层及嵌墙铜管、不锈钢管应采用塑复管道，塑复层可起一定保温作用，还能防止金属管材锈蚀，保护管道。

（2）保温层厚度

国家标准图《管道和设备保温、防结露及电伴热》03S401 中有保温层厚度的计算公式及计算实例，由于其计算繁琐，下面将几种常用管道、常用保温材料的保温层厚度列表表示。

① 热水供、回水管道的保温层厚度见表 1-5；

热水供、回水管道保温层厚度（mm）　　　　表 1-5

保温材料 ＼ 管径(mm)	20	25	32	40	50	65	80	100	150	200
A	25	25	25	25	25	30	30	30	30	30
	20	25	25	25	25	25	20	20	—	—
B	25	30	30	30	30	30	35	35	35	35
	25	25	25	25	25	25	25	25	—	—
C	20	20	20	20	25	25	25	25	25	30
	—	—	—	—	—	—	—	—	—	—
D	25	30	30	30	30	35	35	35	35	40
	25	25	25	25	25	25	25	25	—	—

注：1. 表中保温层厚度是按热水温度 60℃，环境温度为 10℃ 取值；
　　2. 表中 A—超细玻璃棉制品，B—泡沫橡塑制品，C—聚氨酯泡沫制品，D—岩棉制品；
　　3. 表中厚度 $\frac{xx—金属管道保温层厚度}{xx—塑料管道保温层厚度}$。

② 蒸汽、凝结水、热媒水管道的保温层厚度见表 1-6；

蒸汽、凝结水、热媒水管道保温层厚度（mm）　　　　表 1-6

保温材料 ＼ 管径(mm)	20	25	32	40	50	65	80	100	150	200
A	40	40	45	45	45	50	50	55	55	60
	30	35	35	35	35	40	40	40	45	45
B	40	40	45	45	45	50	55	55	55	60
	30	30	35	35	35	35	40	40	40	45
C	45	45	50	50	50	55	55	60	60	65
	35	35	40	40	40	40	45	45	45	50
D	50	50	55	55	60	60	65	65	70	70
	40	40	45	45	45	50	50	50	55	55

注：1. 表中保温层厚度是按饱和蒸汽、凝结水、高温热媒水温度为 150℃，低温热媒水温度为 100℃，环境温度为 10℃ 取值；
　　2. 表中 A—玻璃棉制品，B—超细玻璃棉制品，C—岩棉制品，D—复合硅酸盐制品；
　　3. 表中厚度 $\frac{xx—蒸汽、凝结水、高温热媒水管道保温层厚度}{xx—低温热媒水管道保温层厚度}$。

常见问题	剖析与修正
	③ 冷却塔循环水管及补水管道的保温层厚度见表1-7:

表1-7

冷却塔循环水管、补水管道保温层厚度（mm）

保温材料 管径(mm)		A	B	C	D
循环 水管	≤300	35	40	30	35
	>300	35	40	30	40
补水管	20～40	30	30	25	40
	≥50	35	35	30	40

注：表中A—超细玻璃棉制品，B—泡沫橡塑制品，C—聚氨酯泡沫制品，D—岩棉制品。

3）防结露保温：

（1）需作防结露保温的管道及设备

① 管道中水温低于当地夏季空气露点温度的生活给水管（含中水给水管、直饮水管），污、废水排水管及生活给水水箱等管道及设备外表应作防结露保温层。

② 消防管、消防专用水箱因其内水基本不流动，水温和环境温度一致，可不作防结露保温。

（2）保温层厚度

国家标准图《管道和设备保温、防结露及电伴热》03S401中有防结露保温层厚度的计算公式与计算实例，因计算结果，对于不同地区差别不大，设计可参照表1-8选用。

表1-8

管道防结露保温层厚度表（mm）

保温材料	管径 (mm)	20	25	32	40	50	65	80	100	150	200
A		15	15	15	15	15	15	15	20	20	20
		20	20	20	20	25	25	25	25	25	25
B		15	15	15	20	20	20	20	20	20	20
		20	20	25	25	25	25	25	25	30	30
C		15	20	20	20	20	20	20	20	20	20
		25	25	25	25	30	30	30	30	30	30
D		15	15	15	20	20	20	20	20	20	20
		20	25	25	25	25	25	25	25	30	30

注：1. 表中A—超细玻璃棉制品，B—泡沫橡塑制品，C—聚氨酯泡沫制品，D—岩棉制品；

2. 表中厚度 $\dfrac{xx—管中介质为地表水时保温层厚度}{xx—管中介质为地下水时保温层厚度}$。

3. 应补充说明清楚的地方

设计说明中除应按以上叙述对防冻、隔热、防结露三种不同保温类型分别说明外，结合常见问题还应注意如下几点：

1）除隔热保温外，防冻、防结露保温做法不同地区不能套用。

2）不能泛指"非采暖房间给水排水管做防冻保温＋电伴热"。这条说明有三个错误，一是需设防冻保温部位应具体明确，泛指"非采暖房间"是给施工单位出难题，违背"按图施工"的原则；二是给水排水管太笼统，面太广；三是所有给水排水管均设防冻保温＋电伴热，太不经济，太

常见问题	剖析与修正
	不合理。 3）应对保温材料材质提出如下要求： （1）防火性能，即燃烧等级的要求： ① 介质温度＞100℃时，保温材料应符合不燃烧类 A 级的性能要求； ② 介质温度≤100℃时，保温材料应符合难燃烧类 B1 级的性能要求； ③ 介质温度≤50℃时，保温材料应符合难燃烧类 B2 级的性能要求。 （2）防冻、防结露保温材料应选用憎水性能好的材料。 （3）对保温层外的防潮层及保护层应提出抗蒸汽渗透性能，防水、防潮性能，防火性能及强度等的相应要求。防潮层保护层材料的具体选用参见国家标准图集《管道和设备保温、防结露及电伴热》03S401
7. 材料、器材的选用问题： 1）管材未按安装部位分别选择； 2）PP-R 等塑料管、钢塑复合管未明确选型，尤其是热水用管未加说明； 3）对塑料管的管道支架、保温、伸缩节布置、试压等未作专门说明； 4）管材、阀门等选择未标明工作压力、使用温度等要求	1. 管材的选用一般应按不同系统、不同安装部位等条件分别说明。如给水系统干立管一般采用金属管或钢塑复合管，卫生间或住宅内采用 PPR 管、薄壁不锈钢管；只有一些要求高的宾馆、公寓等才全部采用铜管或不锈钢管。另外《建水规》5.6.2 条第 2 款规定："设备机房内的管道不应采用塑料热水管"。 2. 塑料管材的承压能力与工作介质温度密切相关，即温度上升，其承压能力下降幅度比金属管大得多，因此选用塑料管一定要注明选型或使用温度。如 PPR 管规定冷水管使用温度≤40℃，热水管长期使用温度≤70℃。其管系列选择见表 1-9。

冷、热水管 PP-R、PP-B 管系列选择　　　　表 1-9

类别	材料	设计压力(MPa)		
		≤0.6	0.6~0.8	0.8~1.0
冷水管	PP-R	S5	S5	S4
	PP-B	S5	S4	S3.2
热水管	PP-R	S3.2	S2.5	S2

3. 塑料管的线膨胀系数比金属管大，温差伸缩量大、刚度差；钢塑、铝塑等复合管，其复合材料：冷水用聚乙烯（PE）、热水用交联聚乙烯（XPE），应分别说明清楚。

因此当用塑料管作冷、热水非埋垫层的管材时，应参照《建筑给水聚丙烯管道工程技术规范》GB/T 50349、国家标准图集《建筑给水聚乙烯类塑料管道安装》、11S405-1、《建筑给水聚烯烃类塑料管道安装》11S405-2 等有关规范、标准，具体说明其安装敷设要求。对于埋垫层的 PP－R 管等塑料管，因管径小、拐弯多，可利用水泥砂浆垫层承托，利用管外壁与垫层的摩擦力抵消其膨胀力，可不必采取防管道伸缩和支承的措施。

4. 选用管材、阀门等应注明工作压力，热水管、热媒管道还应注明使用温度，因不同壁厚的管道有相应的允许工作压力。阀门承压则分成 0.6MPa、1.0MPa、1.6MPa、2.5MPa、4.0MPa 等等级，阀门的密封材料与温度关系密切，不少工程热水、热媒管上安装一般密封材料的阀门引起使用时漏水严重

常见问题	剖析与修正
8. 外包设计 　　所提技术条件、技术参数不全，责任不明确	1. 外包设计内容 　　给水排水施工图外包设计内容：一般为专业性强的系统、设备、器材或工艺用房。如气体灭火系统，虹吸雨水排水系统，游泳池循环系统，中水污水处理系统，太阳能、热泵集热系统，水景系统及厨房、洗衣机房等特殊工艺用房。 　　2.《设计深度》给水排水施工图部分 4.6.18 条第 1.8）款明确规定：专项设计"需要再次深化设计时，应在平面图上注明位置、预留孔洞、设备与管道接口位置及技术参数。" 　　据此，对外包设计（即需要再次深化的设计）部分，施工图设计应完成下列工作： 　　1）选择确定外包设计的系统或处理流程等形式。如气体消防，采用何种气体灭火剂，采用组合分配系统还是预制灭火系统；游泳池水循环系统采用逆流还是顺流，采用水处理流程，过滤、消毒、加热方式等。 　　2）在设计说明中明确设计标准、规模、主要设计参数、工艺流程及分工界面；并明确承包商承担系统或设备的调试、试运行、验收及合同年限内的维修事宜。其中主要设计参数应满足招标、工程概算要求。如气体灭火系统应明确设计部位、部位体积、灭火浓度、喷射时间，是否考虑备用量及总灭火剂量等
9. 室外工程 　　1）排水管道基础做法叙述太简单； 　　2）对直埋热水管未提详细技术要求	1. 室外排水管均敷设在土壤中，由于建筑工程施工时，埋管处有可能地基被扰动或者是回填土，如果室外排水管开槽施工安装中没有处理好地基，未作好管道基础和敷管后的回填土处理，工程投入使用后就会因车压下雨水浸发生地基下陷，引起排水管断裂或倒坡，严重影响使用。因此，室外排水管道敷设的开槽、基础处理、管道安装及连接、沟槽回填均应在此作详细说明，尤其是地基为回填土时，应在沟底回填土经夯实达到承载力后铺设砾石或碎石之上再铺设粗砂。 　　目前，室外排水管大都采用双壁波纹管等塑料管，其沟槽、地基与回填土要求如图 1-1 所示。 　　2. 热水管道直埋土中敷设是近年来小区集中热水供应系统常用的一种方式。由于热水管埋地敷设需要解决管道伸缩补偿、保温、防腐等冷水管没有或较轻的问题，因此其施工安装及维护管理要比冷水管直埋复杂得多。目前有些投入使用的小区集中热水供应系统、室外埋地热水管因采用采暖用钢管，敷设安装不规范，以至引起管道没用几年就经常发生局部腐蚀漏水冒水的事故，并且因管道直埋隐蔽，很难找到破坏点。因此，小区集中热水供应系统的室外热水管应首先考虑管沟敷设，当必须采用直埋时，应在设计说明中提出下列要求和措施： 　　1）宜选用不锈钢管等耐腐蚀性能好的管材； 　　2）保温材料应选用憎水型材料，保温层外应做密封的防潮防水层，其外再做刚度好耐腐蚀的硬质保护层； 　　3）采用 冂 型管件作伸缩补偿； 　　4）室外直埋热水管道安装施工属于压力管道施工，因此说明应明确必须由具有压力管道施工资质的施工单位施工；

常见问题	剖析与修正

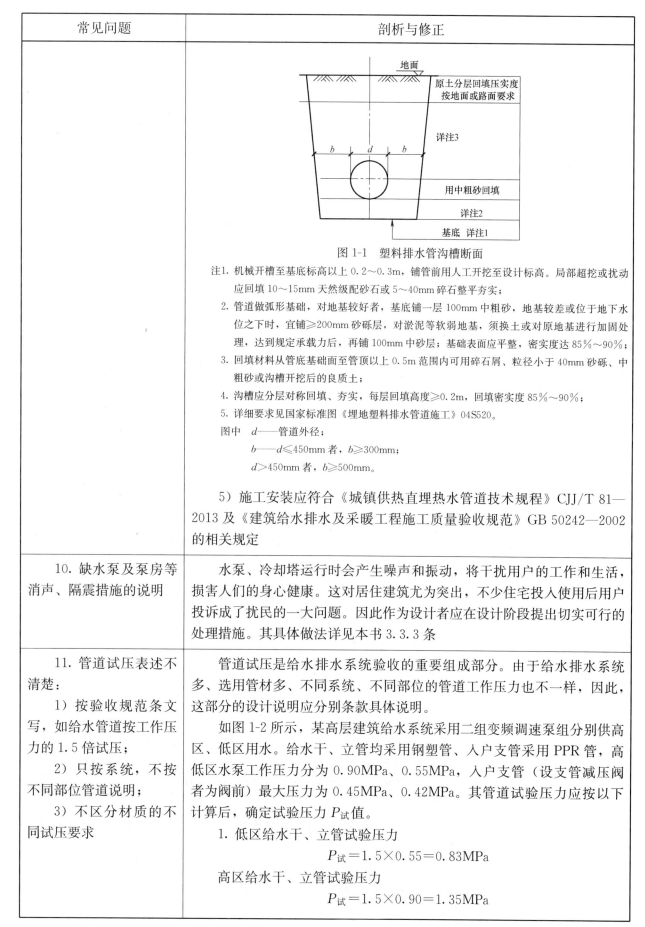

图 1-1 塑料排水管沟槽断面

注1. 机械开槽至基底标高以上 0.2～0.3m，铺管前用人工开挖至设计标高。局部超挖或扰动应回填 10～15mm 天然级配砂石或 5～40mm 碎石整平夯实；

2. 管道做弧形基础，对地基较好者，基底铺一层 100mm 中粗砂，地基较差或位于地下水位之下时，宜铺≥200mm 砂砾层，对淤泥等软弱地基，须换土或对原地基进行加固处理，达到规定承载力后，再铺 100mm 中砂层；基础表面应平整，密实度达 85%～90%；

3. 回填材料从管底基础面至管顶以上 0.5m 范围内可用碎石屑、粒径小于 40mm 砂砾、中粗砂或沟槽开挖后的良质土；

4. 沟槽应分层对称回填、夯实，每层回填高度≥0.2m，回填密实度 85%～90%；

5. 详细要求见国家标准图《埋地塑料排水管道施工》04S520。

图中 d——管道外径；

b——$d \leqslant 450$mm 者，$b \geqslant 300$mm；

$d > 450$mm 者，$b \geqslant 500$mm。

5）施工安装应符合《城镇供热直埋热水管道技术规程》CJJ/T 81—2013 及《建筑给水排水及采暖工程施工质量验收规范》GB 50242—2002 的相关规定

| 10. 缺水泵及泵房等消声、隔震措施的说明 | 水泵、冷却塔运行时会产生噪声和振动，将干扰用户的工作和生活，损害人们的身心健康。这对居住建筑尤为突出，不少住宅投入使用后用户投诉成了扰民的一大问题。因此作为设计者应在设计阶段提出切实可行的处理措施。其具体做法详见本书 3.3.3 条 |

| 11. 管道试压表述不清楚：
1）按验收规范条文写，如给水管道按工作压力的 1.5 倍试压；
2）只按系统，不按不同部位管道说明；
3）不区分材质的不同试压要求 | 管道试压是给水排水系统验收的重要组成部分。由于给水排水系统多、选用管材多、不同系统、不同部位的管道工作压力也不一样，因此，这部分的设计说明应分别条款具体说明。

如图 1-2 所示，某高层建筑给水系统采用二组变频调速泵组分别供高区、低区用水。给水干、立管均采用钢塑管、入户支管采用 PPR 管，高低区水泵工作压力分为 0.90MPa、0.55MPa，入户支管（设支管减压阀者为阀前）最大压力为 0.45MPa、0.42MPa。其管道试验压力应按以下计算后，确定试验压力 $P_{试}$ 值。

1. 低区给水干、立管试验压力
$$P_{试} = 1.5 \times 0.55 = 0.83\text{MPa}$$
高区给水干、立管试验压力
$$P_{试} = 1.5 \times 0.90 = 1.35\text{MPa}$$ |

常见问题	剖析与修正
	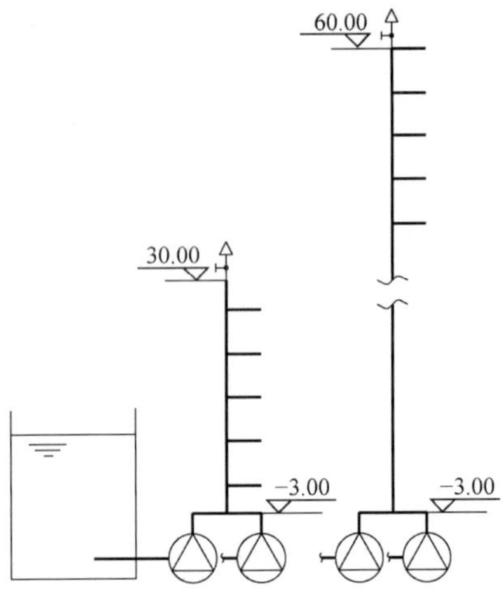 \n图 1-2　高层给水系统示意图\n\n2. 入户支管低区 $P_{试}=1.5\times0.42=0.63\mathrm{MPa}$；\n\n高区 $P_{试}=1.5\times0.45=0.68\mathrm{MPa}$；但因入户支管采用 PPR 管，其 $P'_{试}=0.9\mathrm{MPa}$。\n\n3. 由于入户支管采用 PPR 管材，其试验压力 $P_{试}$ 要比使用其金属管材高得多，因此其系统试压有如下两种方式：\n\n1）按分区系统试压：\n\n按最高入户支管 $P'_{试}=0.9\mathrm{MPa}$ 计算高、低区系统 $P_{试}$\n\n（1）高区：$P_{试}$ 值\n\n$$P_{试}=P'_{试}+H^{高}_{允}=0.9+(60+3)\times0.01=1.53\mathrm{MPa}$$\n\n式中：$H^{高}_{允}$——当测压压力表位于水泵出水干管上时，最高入户支管与压力表所在位置的几何高差。\n\n（2）低区：$P_{试}$ 值\n\n$$P_{试}=P'_{试}+H^{高}_{允}=0.9+(30+3)\times0.01=1.23\mathrm{MPa}$$\n\n2）干、立管与入户支管分开试压。\n\n由于按入户支管计算 $P_{试}$ 值太高，使得干、立管承受过高的超压值，有可能损害管道或连接件，因此可采用分开试压的方式，即：\n\n（1）高区干、立管按 $P_{试}=1.35\mathrm{MPa}$ 试压，入户支管分层按 $P_{试}=0.90\mathrm{MPa}$ 试压。\n\n（2）低区干、立管按 $P_{试}=0.83\mathrm{MPa}$ 试压，入户支管分层按 $P_{试}=0.90\mathrm{MPa}$ 试压。\n\n3）当支管设有减压阀时应按上述第 2 种方法，即干、立管与入户支管分开试压。\n\n4）上述两种试压方法，均比入户支管采用金属管时高得多，为避免用水卫生器具、水嘴、浮球阀等超压试压时破坏，试压时应采取措施与之隔断

1.3 标准图、通用图的选用

常见问题	剖析与修正
1. 选用全册； 2. 未读懂使用条件	1. 标准图的作用： 1）标准图是施工图的组成部分 20 世纪 50 年代初，给水排水施工图设计是很繁琐的，除了平面图、系统透视图之外还须画所有施工安装必需的详图。如一个坐式大便器的安装就需画很细的详图，见本书附图 1。 详图的深度要完全达到可以按图备料、放样、安装的要求。由此可见当时的设计工作量是相当大的，并且必须具有相当经验的设计者才可能绘制详图。 1956 年后我国开始有第一版国家标准图，其内容主要是将上述工程设计中工作量最大、最繁琐的详图列入其中。这样设计者只需选用国家标准图，就可省去画详图的工作量，因此标准图实际上是施工图的不可缺少的组成部分。 2）标准图除上述重要作用外，还能起到统一施工安装标准、提高设计质量、提高设计效率的作用。 2. 应正确选择标准图 1）宜首选国家标准图 目前标准图的类型有国家版，各省市或地区有地方版，还有的地方有通用图集，但总体来说国家标准图编制过程经立项审查、研讨调查专家多次评审，其编制质量一般要高于地方标准图。因此类同标准图宜首选国家标准图。 2）选用标准图要具体、准确 国家标准图册中每项根据不同选用条件、不同安装方式等都有多种施工安装图式，即每种图式都有其相应的适用范围。如《室内消火栓安装》04S202 有单栓、双栓，有带消防软管卷盘和不带者，有带应急照明和不带者；而单栓中又分甲、乙、丙、丁、戊、己型等近二十种形式。如设计者不依照工程采用的形式去具体选择，施工安装将无所适从，即便安装错了，也是设计者的责任。 3）选用前应读懂标准图 国家标准图中每项设备、材料、设施等一般均在总说明中列出其适用条件、主要性能参数、安装尺寸等设计所需内容。如二次供水的水箱自洁式消毒器，其工作原理是利用水中的氯化物通过微电解产生氧化性物质达到消毒目的，适用条件为水箱中原水水质氯化物（Cl⁻）$\geqslant$15mg/L。由于二次供水位于市政管网末端，加上水箱中水的滞留时间难以控制，设计者很难判断水箱中原水水质是否能满足此条件，如盲目使用此消毒措施，将很难保证其使用效果

1.4 设备和主要器材表

常见问题	剖析与修正
1. 设备材料性能参数缺或不全； 2. 各类阀门未注 P_N 及使用温度； 3. 二次供水设备性能参数表述不清； 4. 污、废水泵未分写性能要求或均采取同型泵	1. 设备和主要器材表是工程预算和工程招、投标的重要依据，也是施工单位备料的依据之一。因此准确地编写此表也是保证施工图质量的重要环节。 2. 针对编写此表中常见的问题应注意如下几点： 1）设备、器材性能参数应具体、准确，应能满足预算及招、投标的要求。以变频调速泵组、半容积式水加热器、可调试减压阀为例，其性能参数的编写见表 1-10。 2）各类阀门除标注管径 DN 外，还应标注工作压力 P_N，对于热水热媒系统用的各类阀门均应注明使用温度要求。对一些专用阀门，如减压阀还应注明减静压等要求。 3）二次供水设备尤其是变频调速供水设备、叠压供水设备的性能参数宜按泵组及单泵分别标明。 4）污、废水泵应分开编写，潜水污水泵应注明叶轮具有切割、粉碎、撕裂固体物质的功能，并注明配带耦合装置。

设备主要器材表示例　　　　　　　　　　　表 1-10

序号	设备器材名称	性能参数	单位	数量	备注
1	变频调速泵组： 主泵： 小泵： 隔膜式气压罐 控制柜：	$Q=40\text{m}^3/\text{h}$ $H=50\text{m}$ $Q=20\sim25\text{m}^3/\text{h}$ $H=50\text{m}$ $N=7.5\text{kW}$ $Q=5\sim10\text{m}^3/\text{h}$ $H=50\text{m}$ $N=3\text{kW}$ $\phi1000$ $V=1.0\text{m}^3$	组 台 台 个 套	1 3 1 1 1	主泵两用一备，配小泵一台，气压罐一个。 采用立式泵，主泵自配变频器；气压罐材为 S30408 不锈钢。配套附件、仪表采用全自动软启动
2	波节管半容积式水加热器	$\phi1800$ $H=2600\text{mm}$ $V=5.0\text{m}^3$ 壳程 $P_s=1.0\text{MPa}$， 管程 $P_t=0.6\text{MPa}$ 供热量 $Q_g=2300000\text{kJ/h}$ 热媒 $T_{mc}=151℃$ $T_{mz}=60℃$ 被加热水 $t_c=10℃$ $t_r=60℃$	台	3	热媒为 0.4MPa 饱和蒸汽。罐体采用不锈钢 S30408 材质，换热管束采用紫铜管配套热媒管上的自力式温控阀，控温误差≤5℃
3	可调式减压阀	DN20 PN0.6 $T≤40℃$	个	50	配套过滤器、压力表要求减静压

1.5　图面

常见问题	剖析与修正
1. 小区项目缺给水、热水、消防共用系统的总系统示意图，或有此类图但表示不清楚，或用总系统图代子项系统图出图	1. 总系统示意图的作用： 当小区的给水、中水、热水、消防共用一个系统时，设计应有一个小区的总系统示意图，其作用： 1）与单体高层建筑的系统图相似，只不过单体建筑的系统是表示水池（箱）泵组、水加热设备等连接管路与各分区之间的关系，而小区总系统示意图是表示共用的水池（箱）、加压泵组、水加热设备等连接管路与各子项建筑相应系统的关系。 2）它是小区各子项系统设计的依据。 依上分析得知，小区的上述总系统示意图是不可缺的，它相当于一个小区给水排水设计的总体规划，应在各子项设计前完成。如无它，小区的各子项的设计将会是无序、不合理，甚而造成安全隐患。 2. 总系统示意图的表示深度 总系统示意图的深度在《设计深度》中没有明确提出。设计中可以参照《设计深度》中"展开系统原理图"绘制，但图中的各子项系统的立管、编号、伸缩节、固定支架、进出水管编号等不影响总系统关系的内容可不表示。参见附图 2、附图 3
2. 系统图： 1）展开系统原理图表示不规范； 2）深度不够： （1）给水引入管未标水压值设计流量； （2）各水池（箱）水位标高未标或标写不全； 3）排水系统展开图，管道关系不清楚	1. 系统图的表示方式： 1）系统轴侧图也叫透视图，是 20 世纪 80 年代以前采用的绘图方式，这种方式的优点是与平面图完全对应，能较直观地反映管道与设备、器材之间的连接关系，便于施工安装。缺点是绘制复杂，工作量大，高层建筑或体量大的建筑很难用一张图表示清楚，即一个系统轴测图要用多张图表示，这样画图、看图很不方便。因此，轴测图一般只适用于体量小的多层建筑的给水排水系统的绘制，卫生间等局部的给水排水系统绘制。其设计应满足《设计深度》的要求。 2）展开系统原理图是 20 世纪 80 年代引进欧美等发达国家的一种绘图方式。它是以二相管道关系来表示系统的图式，相对于系统轴测图，绘制方法简单、工作量大大减少，系统关系一目了然。尤其适用于高层建筑、大型公共建筑的给水、热水、消防等系统的表示。 2. 展开系统原理图的表示方法及设计深度： 1）展开系统原理图示以某点（如泵站：热交换间）为中心将 X、Y 坐标的横向管道展开成单向直线表示的图示方法，对于横向管道连接的管段（如给水的引出支管，排水的接入支管）则以短立管表示，如图 1-3 所示。 2）展开系统原理图的设计深度： （1）设备、设施及其连接管上的阀件、仪表等应与平面或放大图对应。 （2）立管及其阀件、附件等应表示齐全，并标注立管编号、管径。 （3）横干管展开，标注 DN、标齐阀门，但热水横管上的伸缩节固定支架可不标。

常见问题	剖析与修正
	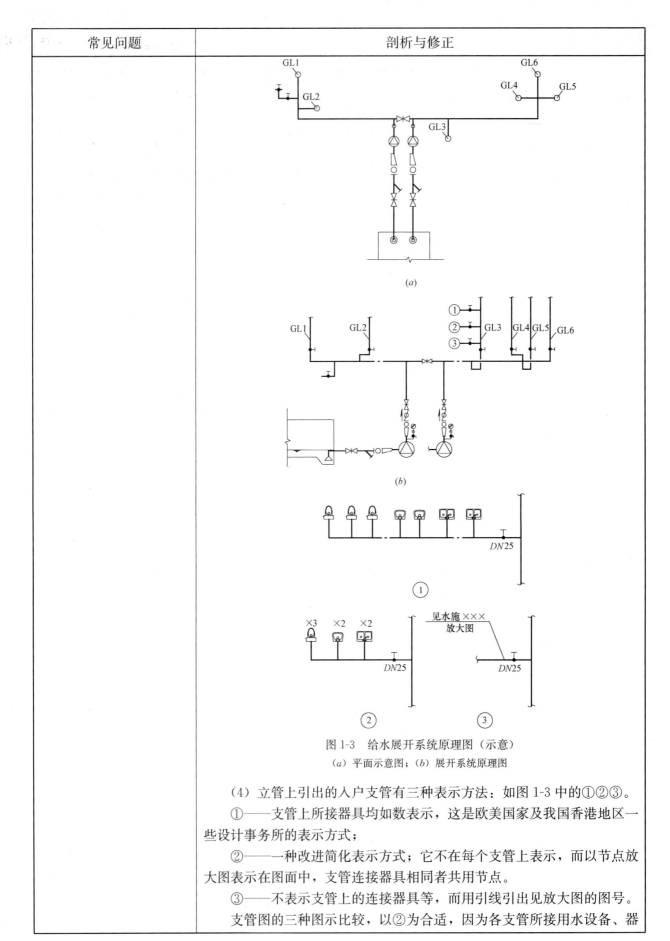

图 1-3　给水展开系统原理图（示意）

（a）平面示意图；（b）展开系统原理图

（4）立管上引出的入户支管有三种表示方法：如图 1-3 中的①②③。

①——支管上所接器具均如数表示，这是欧美国家及我国香港地区一些设计事务所的表示方式；

②——一种改进简化表示方式；它不在每个支管上表示，而以节点放大图表示在图面中，支管连接器具相同者共用节点。

③——不表示支管上的连接器具等，而用引线引出见放大图的图号。

支管图的三种图示比较，以②为合适，因为各支管所接用水设备、器

常见问题	剖析与修正
	具能反映系统全貌、方便设计与校审，且工作量少；又符合《设计深度》应表示"各楼层卫生设备和工艺用水设备的连接"的要求。 3）设计展开系统原理图的注意点： （1）展开系统原理图一般只适宜于小区、单体建筑的给水、热水、排水、消防总系统图，系统图的绘制。而对于单个设备间、卫生间的给水排水系统仍宜画轴测图，尤其是卫生器具多的公共卫生间的下水管不应用展开图，因其很难将复杂的下水管连接关系表示清楚。 （2）由于展开系统原理图水平向是将 X、Y 两相合一，即平面上管道关系不能体现，因此当采用展开系统原理图时，相应的平面图设计应按《设计深度》要求将各种管道的管径、标高、定位等表示清楚，以做到整套图满足施工要求的目的。 4）展开系统原理图的具体画法可参见国标图，《民用建筑工程给水排水设计深度图样》S901～S902。 5）附图4为××工程集中热水展开系统原理图，可供参考
3. 平面图 1）错、漏、碰、缺多； 2）系统图用系统原理展开者，平面图表示深度不够； 3）未进行管道综合或综合工作粗糙； 4）有地下室者漏画防水套管或不全； 5）管道穿伸缩缝、沉降缝未作处理	1. 平面图是施工、安装的主要图纸，一般施工安装时，施工人员只带该层的施工图，按图施工，因此平面图尤其是采用系统展开原理图时的平面图深度是否满足《设计深度》要求，对保证施工安装质量和进度有很大关系。 2. 平面图设计的注意点： 1）满足《设计深度》中对平面图设计的要求； 2）做好管道综合工作。 管道综合是一项很重要的工作，××工程业主曾就因设计图各工种管道交叉打架、施工来回返工误时、费料、影响施工进度和质量而向设计单位索赔 2000 万元。因此施工图设计阶段必须做好平面图中各种管道的综合工作。并宜按下列顺序进行： （1）具体设计画图前，先与暖通、电气等专业协商，划定布管范围； （2）设计时，按划定范围布管，如有超越应随时与其他专业沟通； （3）设计完成后应逐层进行管道综合，尽量在设计阶段消除管道打架的问题。 3）做好三校二审工作：施工图设计阶段的三校即设计者自校、互校、工种负责人校，二审即审核、审定。并在一般情况下按此顺序进行校审。校、审工作的内容要求要符合本单位技术责任制的要求。 4）对于需预埋防水套管、预留施工安装设备孔洞等与土建施工密切相关、如有遗漏将造成很大损失者应着重查对。 5）对管道穿伸缩缝、沉降缝、热水、热媒管道的防伸缩沉降管件、附件等如有遗留将给使用带来较大麻烦者也应一一核实
4. 局部放大图 1）平、立、剖面位置颠倒； 2）剖面与平面不对	1. 局部放大图一般指设备机房、水箱间、卫生间等的局部平面放大图。 2. 设计局部放大图在一定程度上反映设计者的设计水平、经验和能力。因此，局部放大图宜由具有工作经验的设计者设计。

常见问题	剖析与修正
应，复杂设备机房只有一个剖面，且找最简单的地方剖，不满足深度要求； 　3）设备设施管线布置无序	3.《房屋建筑制图统一标准》GB/T 50001—2010 "10.2 视图布置"中规定宜按平面图在下，立、剖面各在其上布置。图 1-4 为水箱放大图中连接管道在平、立、剖面上的表示方法。 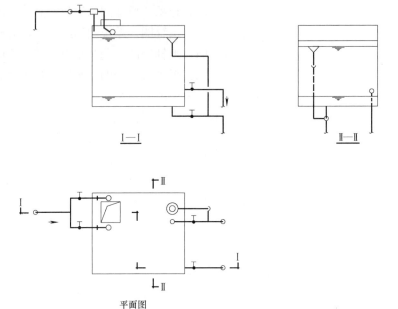 图 1-4　水箱连接管道放大图（示意） 　　放大图平立剖面之上下布置，在没有电脑绘图的年代是一个不成问题的问题，平立剖面颠倒布置的图极少见到。因为平立剖中的视线均有对应投影关系，这也是制图的基本原则。另外，这种颠倒布置也将给校审带来困难。 　　4. 局部放大图的深度要求： 　　《建筑给水排水制图标准》GB/T 50106—2010 中的 "4.7 局部平面放大图、剖面图" 一节有很详细具体的规定。其主要内容有： 　　1）设备设施及其基础，各类阀门、附件等均应按比例、按实际位置绘出，并标注相应的尺寸、定位尺寸、净高、净距尺寸及管径等； 　　2）局部平面放大图应以建筑轴线编号和地面标高定位，并应与建筑平面一致； 　　3）应有设备编号与名称对照表（也可在前述"设备与主要器材表"中表示）； 　　4）剖面图的剖切位置应选在能反映设备、设施及管道全貌的部位。应能将平面中所有设备、设施管道等表示不清楚的部分全部画出，达到施工安装者可以照图安装的要求。 　　5. 设备机房中设备、设施与管道的布置要点： 　　1）设备、设施溜边走，即设备、设施尽量靠墙布置； 　　2）按设备、设施要求留出检修部位及检修通道； 　　3）设备、设施与管线布置尽量做到整齐划一； 　　4）尽量为操作及管理者留出较宽裕的操作空间及工作空间，一般靠门处宜宽敞。

常见问题	剖析与修正
	6．[示例]： 1）××水泵房水泵机组的布置（图1-5）： 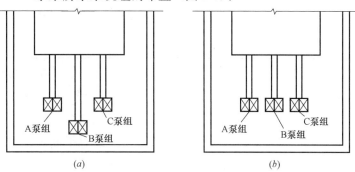 图1-5　水泵房中水泵机组布置图（示意） （a）不妥布置方式示意图；（b）较好布置方式示意图 2）附图5为XX工程高位水箱放大图，各种管道连接关系、附件设置、图面布置等均较合理，可供设计参考。 3）XXX工程换热间的布置见附图6，该图为20世纪80年代末手工绘制的热交换间施工图。该图的特点： （1）水加热器布置整齐紧凑，入口处预留了供值班管理人员的工作空间，这对于换热间这种高温机房尤为重要。 （2）水加热器前端预留抽出盘管的较大检修空间，水加热器分两边布置，可共用检修空间，大大节约了机房面积。 （3）连接水加热器的热媒横干管，冷热水横干管均在两排设备中间的上空成一排布置，与设备连接管段从横干管下连接，形成管桥的形式，管组下部有2.2m多的净空。这样布管，一是管道布置整齐美观，二是成一排的横干管便于作管道吊架，三是在紧凑的机房内留有供值班和维修管理人员较宽敞的检修通道。 4）附图7、附图8为某宾馆公共卫生间放大图，该图亦为手工绘制，满足设计深度要求，图面布置、线型选择等均可供设计参考
5．画图比例太小，如有的平面图比例为1：300，1：400	《建筑给水排水制图标准》GB/T 50106—2010中有关图纸常用比例的规定，见表1-11：

图纸常用比例　　　　　　　　　　　表1-11

图　名	比　例	备　注
总平面图	1：1000,1：500, 1：300(1：500)	宜与总图专业一致
水处理构筑物、设备间、 卫生间、泵房平、剖面图	1：100,1：50,1：40, 1：30(1：50,1：30)	
平面图	1：200,1：150, 1：100(1：100)	宜与建筑专业一致
系统轴测图	1：150,1：100, 1：50(1：100,1：50)	宜与相应图纸一致

注：1．本表系摘抄；2．表中（　）内数字为编者加；
　　2．设计究竟采用多大比例绘图，其原则应让校审者施工安装者看清楚。如有的设计平面图采用1：300的比例，图中的字要用放大镜看，这显然不满足要求；
　　3．一般采用比例，宜为上表中带括号内的比例

2. 总 平 面

常见问题	剖析与修正
1. 缺总平面设计图	1. 给水排水设计总平面图是初步设计与施工图设计文件的重要组成部分。 2. 初步设计阶段的总平面图是确定工程的给水、热水、排水、消防室外系统的设计文件。其中，与市政给水管、排水管、热力管道的连接条件，含连接点的位置、标高、管径等则是给水排水工程设计的基础条件和依据。这些应在初设时予以落实，通过建设方取得接管条件和文字资料，并在图中表示。因此初步设计时一般均应有总平面设计图。对于简单的单栋工程，如不出图，则应在设计说明中将上述市政基础条件表述清楚。 3. 施工图阶段的总平面图是室外给水排水管道、构筑物等施工安装必需的设计图纸。其设计深度应满足《设计深度》的要求。亦可参考国家标准图《民用建筑工程给水排水设计深度图样》S901
2. 与市政给水、排水管的连接关系缺不全或表述不清楚	按本书 1.2 中常见问题 3 处理
3. 错、漏、撞、缺问题： 1）有两路引入管的给水引入管上未设倒流防止器； 2）管道埋深不够； 3）管道交叉处碰撞； 4）管道、消火栓、构筑物等未定位； 5）化粪池未设通气管或设置不妥	1.《建水规》3.2.5 条规定："1. 从城镇给水管网的不同管段接出两路及两路以上的引入管，且与城镇给水管形成环状管网的小区或建筑物，在其引入管上应设置倒流防止器"。当倒流防止器设在地下阀门井内时，应采用无泄压腔的双止回型倒流防止器，以防止阀门井内淹水时污染倒流防止器。 2.《建水规》3.5.3 条规定："室外给水管道的管顶最小覆土深度不得小于土壤冰冻线以下 0.15m"；如北京地区的土壤冰冻深度为 -1.2m。则 $DN100$ 的室外给水管埋深应≥1.40m。由于各地土壤冰冻线高度不同，一般在初设时应收集此资料作为依据。 3. 总平面图设计中应进行各种外线管道的综合，一般由总图专业牵头完成此项工作。由于室外给水排水管道在总平面图中占有很大比例，因此，给水排水部分的总图应先自进行管道综合，保证给水排水管道交叉时不打架。交叉点标高处理中，雨污水管交叉点是重点，因为二者都是重力流，都受与市政结合井处管底标高的限制，竖向设计时，应事先考虑这一点。一般室外管道综合时的原则是： 1）应满足《建水规》附录 B "居住小区地下管线构筑物间最小净距"的要求，见表 2-1； 2）在满足上表布置要求的同时还应注意下列几点： （1）有压管道让无压管道； （2）小管让大管；

常见问题	剖析与修正

居住小区地下管线（构筑物）间最小距离　　　　表 2-1

种类 ＼ 布置　种类	给水管		污水管		雨水管	
	水平	垂直	水平	垂直	水平	垂直
给水管	0.5~1.0	0.10~0.15	0.8~1.5	0.10~0.15	0.8~1.5	0.10~0.15
污水管	0.8~1.5	0.10~0.15	0.8~1.5	0.10~0.15	0.8~1.5	0.10~0.15
雨水管	0.8~1.5	0.10~0.15	0.8~1.5	0.10~0.15	0.8~1.5	0.10~0.15
低压煤气管	0.5~1.0	0.10~0.15	1.0	0.10~0.15	1.0	0.10~0.15
直埋式热水管	1.0	0.10~0.15	1.0	0.10~0.15	1.0	0.10~0.15
热力管沟	0.5~1.0	—	1.0	—	1.0	—
乔木中心	1.0	—	1.5	—	1.5	—
电力电缆	1.0	直埋 0.50　穿管 0.25	1.0	直埋 0.50　穿管 0.25	1.0	直埋 0.50　穿管 0.25
通信电缆	1.0	直埋 0.50　穿管 0.15	1.0	直埋 0.50　穿管 0.15	1.0	直埋 0.50　穿管 0.15
通信及照明电缆	0.5	—	1.0	—	1.0	—

（3）平行敷设时给水管应位于排水管的上面，当给水管位于排水管之侧下面时，管外壁的水平净距应根据土壤的渗水性确定，一般不宜小于 3.0m，但不应小于 1.5m。

（4）交叉敷设时：

① 给水管应位于排水管的上面，管外壁净距不应小于 0.15m，且不得有接口重叠。当给水管需敷设在排水管之下时，给水管应加套管，其长度为交叉点每边应≥1.5m，且两端应用防水密封材料堵实。

② 直埋热水管宜位于给水管的上面，且直埋热水管不宜有上凸段或下凹段。当需设置时，应设置相应的放气阀、泄水阀的阀门井。

（5）干管应尽量靠近主要使用单位及连接支管最多的一侧。

（6）管道的埋深除满足管内水流不被冰冻或增高温度的要求外，还应防车荷载的震动或压损。一般车行道下，管道覆土深度不应小于 0.7m。个别地方达不到此要求时，应换耐压的管材或加钢套管。

（7）各种管道的平面排列不应重叠。

3）按上述要求布置好平面后，应详细标出各自的定位尺寸，以满足施工安装的要求。

4）居住小区室外管道宜按下列图示顺序布置。

（1）管道在建筑物的单侧排列（图 2-1）

（2）管道在建筑物的两侧排列（图 2-2）

4. 总平面图中，管道、闸门井、检查井、水表井、消火栓、结合器井、化粪池、隔油池等均应在管道综合的基础上定位，占位大的化粪池等应按比例表示，以保证施工安装时可严格按图进行，避免返工和影响施工质量。

常见问题	剖析与修正

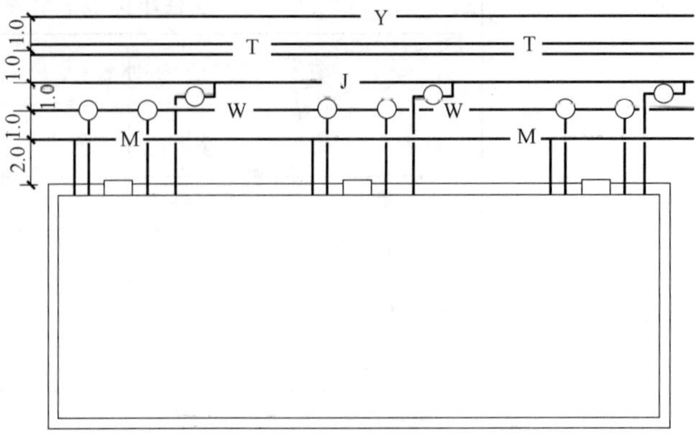

图 2-1 管道在建筑物单侧排列图

Y—雨水管；T—热力管沟；J—给水管；W—污水管；M—煤气管

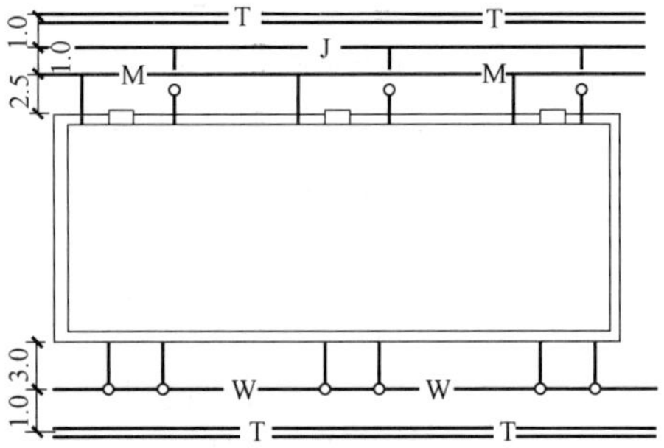

Y—雨水管；T—热力管沟；J—给水管;W—污水管;M—煤气管

(a)

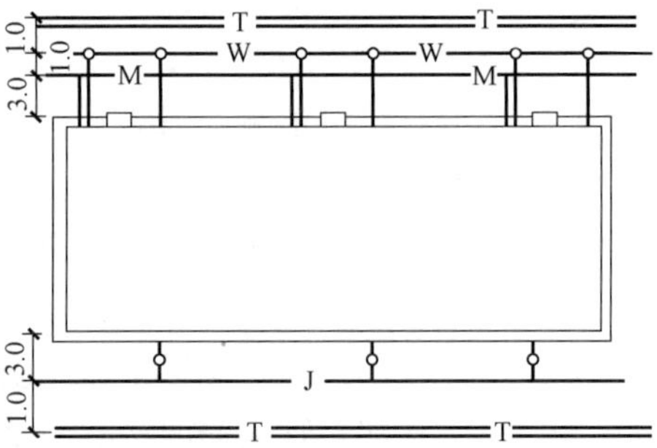

Y—雨水管；T—热力管沟；J—给水管;W—污水管;M—煤气管

(b)

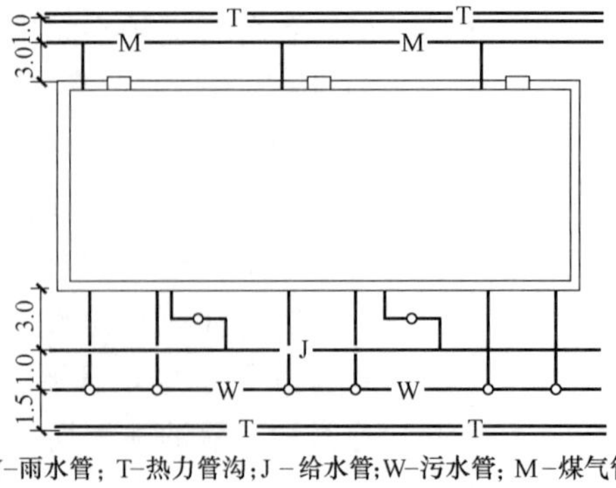

Y—雨水管；T—热力管沟；J—给水管;W—污水管;M—煤气管

(c)

图 2-2 管道在建筑物双侧排列图（一）

常见问题	剖析与修正

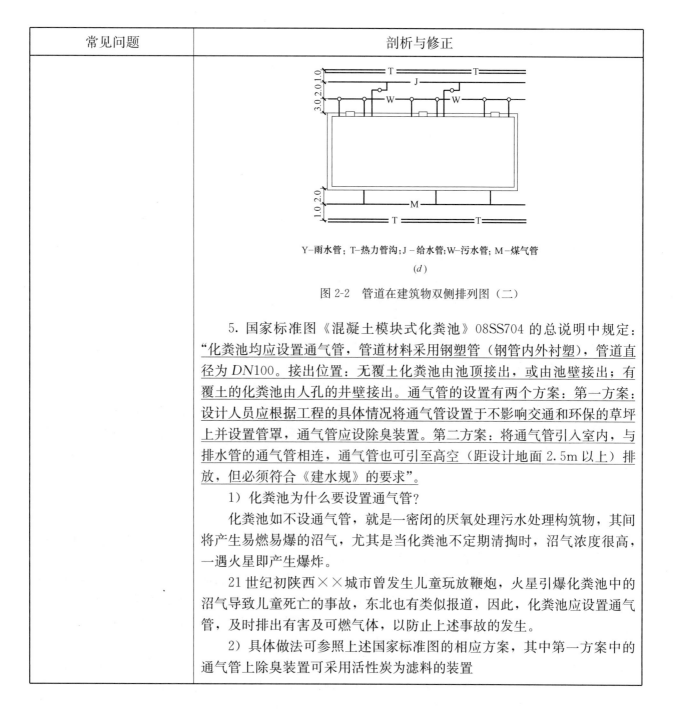

Y-雨水管；T-热力管沟；J－给水管；W-污水管；M-煤气管

(d)

图2-2 管道在建筑物双侧排列图（二）

5. 国家标准图《混凝土模块式化粪池》08SS704 的总说明中规定："化粪池均应设置通气管，管道材料采用钢塑管（钢管内外衬塑），管道直径为 DN100。接出位置：无覆土化粪池由池顶接出，或由池壁接出；有覆土的化粪池由人孔的井壁接出。通气管的设置有两个方案：第一方案：设计人员应根据工程的具体情况将通气管设置于不影响交通和环保的草坪上并设置管罩，通气管应设除臭装置。第二方案：将通气管引入室内，与排水管的通气管相连，通气管也可引至高空（距设计地面 2.5m 以上）排放，但必须符合《建水规》的要求"。

1）化粪池为什么要设置通气管？

化粪池如不设通气管，就是一密闭的厌氧处理污水处理构筑物，其间将产生易燃易爆的沼气，尤其是当化粪池不定期清掏时，沼气浓度很高，一遇火星即产生爆炸。

21 世纪初陕西××城市曾发生儿童玩放鞭炮，火星引爆化粪池中的沼气导致儿童死亡的事故，东北也有类似报道，因此，化粪池应设置通气管，及时排出有害及可燃气体，以防止上述事故的发生。

2）具体做法可参照上述国家标准图的相应方案，其中第一方案中的通气管上除臭装置可采用活性炭为滤料的装置

3. 给　　水

3.1　系统设计

3.1.1　市政供水压力的利用不妥

常见问题	剖析与修正
1. 市政供水压力为0.18～0.25MPa，整个建筑全采用叠压供水系统； 2. 采用市政给水管直接供水层数偏高或偏低，如市政供水压力为0.20MPa，住宅采用直接供水层数为5层，偏高；又如市政供水压力为0.25MPa，住宅供水为3层，偏低； 3. 住宅入户支管供水压力＞0.35MPa，不减压	1. 在给水系统的设计中，首先应考虑采用市政给水管直接供水，其理由一是能充分利用市政供水压力，不需另外增压设施，节能，节省运行费用；二是省增压设施及其相应的占地面积，即经济省地；三是市政用水范围大用水量大，市政管道内水多处于常流动状态，滞留时间短，相对二次加压供水系统，水质好。因此在我国相应的规范中，对此都作出了规定：如全文强制的《城镇给水排水技术规范》GB 50788—2012 3.6.5条规定"建筑给水系统应充分利用室外给水管网压力直接供水"。《建水规》3.3.1条规定"小区的室外给水系统，应尽量利用城镇给水管网的水压直接供水"。3.3.3条规定"建筑物室内的给水系统宜按下列要求确定：1. 应利用室外给水管网的水压直接供水"。其他节水、节能、绿色建筑等标准规范亦均有类似条款。 2. 采用市政给水管直接供水的条件： 1）市政供水可靠，不经常断水 保障用户用水的水量水质是建筑给水排水设计的最基本要求。因此能否采用市政给水管直接供水的首要条件是市政供水可靠，不会出现经常断水的现象，且供水量能满足用水要求。从目前国内市政供水情况来看，一般特大、大城市的城区市政供水应是可靠的。只有这些城市的个别偏远郊区，及一些地、县级城市的市政供水有可能出现较多的断水现象。 2）供水压力满足使用要求 利用市政给水压力能供至多少层用水，应经设计计算确定，它与卫生器具用水压力、供水几何高差，给水管径，管材，长度等密切相关。方案设计或初步设计阶段可按表3-1确定

建筑内 1～6 层用水水压估算值（MPa）　　　　表 3-1

类别	层次	1	2	3	4	5	6
住宅		0.1	0.12	0.16	0.20 ·	0.24	0.28
公建		0.15	0.20	0.25	0.30	0.35	0.40

注：一般住宅建筑层高 2.7～3.0m，公建层高为 3.2～4.2m，且公建大卫生间卫生器具多，支管长，因此同层公建用水水压应比住宅高。

3. 不能利用市政给水管直接供水的特例：

1）供水水质有特殊要求

建筑给水系统有水质特殊要求或专项有要求者一般为管道直饮水、热

常见问题	剖析与修正
	水，及一些涉外高级酒店宾馆的给水。管道直饮水直接供给饮水，其水质有专项标准《饮用净水水质标准》CJ 94，热水的水质处理主要是针对硬度高的市政水源水进行软化处理，以缓解水加热设备及管道结垢减少能耗，延长系统使用寿命。但由于使用管理不善等多种原因，国内成功使用案例不多。一些涉外高级宾馆根据其管理公司的要求，需将市政给水经过滤等深度处理。以上这些用水需要将市政给水作进一步处理，因此，不能采用市政供水管直接供水。 2）供水水压有特殊要求 保证合理、合适的供水水压也是建筑给水系统设计的要点，亦是涉及节能节水的重要组成部分。据国外一些测试及调研资料介绍，较舒适的淋浴用水压力为 0.15～0.20MPa。但有的高级宾馆，涉外管理公司标准规定，客房卫生间需采用大流量淋浴器，其供水压力为 0.27～0.55MPa，类似情况就很难利用市政供水压力直接供水。 4. 设计利用市政给水管直接供水，还应注意如下两点： 1）不可忽略倒流防止器的阻力损失 为了防止小区或建筑内部管道的水回流至市政给水管道，《建水规》3.2.5 条作出了下列规定："1. 从城镇给水管网的不同管段接出两路及两路以上的引入管，且与城镇给水管形成环状管网的小区或建筑物，在其引入管上应设倒流防止器。"倒流防止器的阻力损失为 0.02～0.07MPa，这对于计算该管段的阻力损失是绝不可忽视的因素。 2）一般工程由自来水公司提供的与市政给水管连接处的最低供水压力为整个大管网末端的最低压力，如北京市绝大部分工程，市政最低供水压力为 0.18MPa，而实际工程大多不位于市政管网末端，其供水压力要大于此值。因此设计者宜配合建设方做一些工程场地周围现有用水点的实测，以得到合理的市政供水压力值。 5. 利用市政供水管直接供水部分的入户支管供水压力>0.35MPa 者应设支管减压阀以满足《建水规》3.3.5A 条"居住建筑入户管给水压力不应大于 0.35MPa"的要求。

3.1.2 供水分区问题

常见问题	剖析与修正
1. 分区供水压力过大，最低处供水压力达 0.85MPa； 2. 用支管减压代替分区减压； 3. 入户管未设支管减压阀，或分区各层入户管均设支管减压阀； 4. 超高层建筑采用三级串联减压阀分区；	1.《建水规》对于给水系统分区的规定： 1）《建水规》GB 50015—2003（2009 年版）中的相关条款："3.3.5 高层建筑生活给水系统应竖向分区，竖向分区压力应符合下列要求： 1. 各分区最低卫生器具配水点处的静水压不宜大于 0.45MPa； 2. 静水压大于 0.35MPa 的入户管（或配水横管），宜设减压或调压设施； 3. 各分区最不利配水点的水压，应满足用水水压要求。" "3.3.4 卫生器具给水配件承受的最大工作压力，不得大于 0.6MPa。" 2）2014 年始全面修编的《建水规》拟对分区作如下修订： "3.4.4 高层建筑生活给水系统应竖向分区，各分区最低卫生器具配

常见问题	剖析与修正
5. 支管减压阀后 $P_2=0.05MPa$； 6. 减压阀前后压力差值太大，$P_1-P_2=0.76MPa$	水点处的静水压力不宜大于 0.45MPa；当设有集中热水系统时，分区静水压力不宜大于 0.55MPa。" "3.4.5 生活给水系统用水点处给水静水压力不宜大于 0.2MPa，并应满足卫生设备的给水静水压力要求。" 2. 供水压力与节水之关系 控制用水点的供水压力是节水的一项重要措施。据北京建筑大学实测：采用普通水嘴在实测动压值为 0.24MPa、0.50MPa 时，其相应流量为 0.42L/s 和 0.72L/s；采用节水水嘴在实测动压值为 0.17MPa 和 0.22MPa 时，其相应流量为 0.29L/s 和 0.45L/s。 按照节水器具的要求，节水器具的额定流量应为 $q=0.15L/s$，以此为标准对照，上述测试的实测流量高于额定流量值的 2~3 倍。 由此可见，控制合理的供水压力对保证节水效果有极大作用。 3. 减压阀的正确设置 1) 不能用入户管上的支管减压阀代替系统分区减压阀减压。 上述《建水规》3.3.5 条的第 1 款是规定给水系统分区的压力值，即以该分区的最低卫生器具配水点处静水压≤0.45MPa 为分区的压力值（2016 修编版将对设有集中热水供应系统放宽到 0.55MPa）。 当采用减压阀分区时，应设专用分区减压阀，而不能用在静水压大于 0.45MPa 的分户支管上设支管减压阀代替分区减压阀。 2) 分区减压阀涉及整个供水分区的供水，故障时影响范围大，因此宜按《建水规》3.4.9 条第 5 款的规定设两个减压阀，成减压阀组并联设置，且不得设旁通管。阀组应安装在易于检修的地方，阀组的布置如图 3-1 所示。 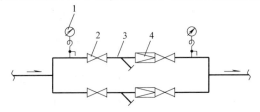 图 3-1　分区减压阀组布置图 1—压力表；2—阀门；3—过滤器；4—减压阀 3) 入户管上的支管减压阀只服务于一户或单个卫生间，事故时，影响面小，因此一般不需设备用阀，其布置如图 3-2 所示。 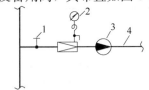 图 3-2　支管减压阀布置图 1—截止阀；2—带阀后压力表的减压阀；3—水表；4—入户管 4) 高层、超高层建筑不宜采用减压阀串联多级分区供水的系统。 (1)《建水规》3.4.9 条第 2 款规定"阀后配水件处的最大压力应按减压阀失效情况下进行校核，其压力不应大于配水件的产品标准规定的水压试验压力。

常见问题	剖析与修正
	<u>注：1. 当减压阀串联使用时，按其中一个失效情况下，计算阀后最高压力；</u> <u>2. 配水件的试验压力应按其工作压力的 1.5 倍计。"</u> 　　如图 3-3 所示，当从高位水箱引出一主立管通过两组分区减压阀组分供三区用水，按上述要求，则高位水箱最高水位与最低配水点之高差 H 应不大于 $0.6 \times 1.5 = 0.9$MPa（卫生器具的工作压力一般为 0.6MPa）。 　　（2）《建筑机电工程抗震设计规范》GB 50981—2014 的 4.1.2 条第 2 款规定："<u>8 度、9 度地区的高层建筑的生活给水系统，不宜采用同一供水立管串联两组或多组减压阀分区供水的方式。</u>"此款规定主要是防止多分区共用总立管发生故障时影响几个分区的供水。如分设立管则可减少故障的影响范围。 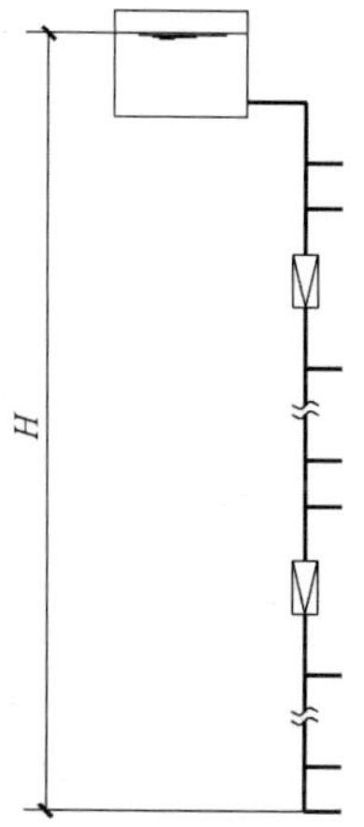 　　（3）北京市地方标准《居住建筑节能设计标准》DB 11-891—2012 中 5.2.2 条第 2 款规定："<u>2. 各加压供水分区宜分别设置加压泵，不宜采用减压阀分区。</u>"这条规定主要是从节能的角度提出来的，因为两个或三个竖向供水分区，如用一组加压泵供水，水泵的扬程应按最高用水点计算，而中区或中、下区又要将水泵供水多余的压力通过减压阀消除，显然是耗能运行。因此，各区分设加压泵分别满足其合理的流量和压力肯定节能。 　　（4）综上所述，分区式给水系统采用减压阀宜满足下列原则： 　　① 大于等于 8 度地震区不应采用减压阀串联供水，其他类建筑不宜采用减压阀串联供水； 　　② 应控制采用减压阀分区的压力范围为 0.9MPa； 　　③ 为满足节能要求，推荐高层、超高层建筑给水系统竖向分区分别采用加压泵供水，入户支管静水压力≥0.25MPa 者设支管减压阀，控到阀后压力为 0.15～0.20MPa 图 3-3　分区减压阀组串联布置示意图

3.2　水池、水箱

3.2.1　水箱形状不规则

常见问题	剖析与修正
水箱形状不规则	少数工程设计中几种不锈钢水箱的构造形式如图 3-4 所示。 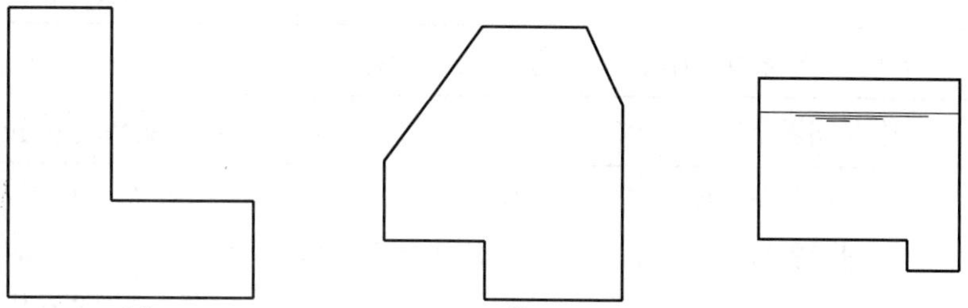 （a）　　　　　　（b）　　　　　　（c） 图 3-4　形状不规则水箱示意图 （a）L 型水箱；（b）多边无规则水箱；（c）水箱加吸水坑

常见问题	剖析与修正
	关于水池，水箱构造形式，《建水规》的3.2.12条要求"进出水管布置不得产生水流短路"，《建筑机电工程抗震设计规范》GB 50981—2014的4.2.4条规定："生活、消防贮水池宜采用地下式，平面形状宜用圆形或方形。"
	贮水水池（箱）的平面形状从结构受力条件分析最好是圆形，其原理如同承压的容器（属压力容器）绝大多数为圆柱体构造，因其无棱角，四周容器壁无应力集中点，受力均匀，但圆形占地大，一般工程中很少用，采用最多者为方形。当水箱用以上图3-4所示的三种构造形式时，构造计算很复杂，拐角处为应力集中部位，地震时易局部裂开。因此，国家标准图中只列入了"矩形给水箱"。另外，平面形状不规则的构造形式更易产生死角，很难让水流不短路

3.2.2 水箱的分格及多水箱使用不合理

常见问题	剖析与修正
1. 贮水容积 $V >$ 50m³ 的水箱未分格； 2. $V > 200$m³ 者分成了两个或多个水箱，但串联使用	不能采用市政供水压力直接供水的给水系统，一般均采用调节水箱（水池），加水泵的二次供水。调节水箱贮水容积>50m³者一般为中、大型工程，为保证水箱清洗或故障时不断水，《建水规》3.7.2条小区生活用水贮水池"宜分成容积基本相等的两格"。此条虽然仅指小区，实际工程设计中，医院，宾馆等大、中型单栋建筑，其供水范围及重要性不亚于小区，因此，凡 $V > 50$m³ 的水箱（池）宜分格或单设两个水箱。 水箱（池）分格或设两个多格，是为了互为备用，不间断供水，如将其串联，就完全失去了应有的作用。分格水箱或几个水箱均应并联使用。其接管应如图3-5中（b）所示。 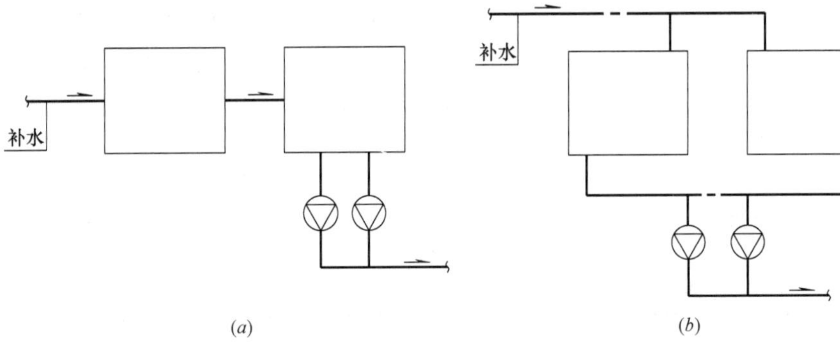 图3-5 多水箱接管供水示意图 （a）错误图示；（b）正确图示

3.2.3 水箱连接管道，附、配件等存在的问题

常见问题	剖析与修正
1. 进、出水管短路； 2. 补水浮球阀的设置： 1) 采用杠杆式浮球阀，只设了一个；	水箱与管道、附配件连接见图3-6所示。 1.《建水规》关于水池（箱）管路布置，附属设施的有关规定如下： 3.2.12 生活饮用水池（箱）的构造和配管，应符合下列规定： "1. 人孔、通气管、溢流管应有防止生物进入水池（箱）的措施； 3. 进、出水管布置不得产生水流短路，必要时应设置导流装置；

常见问题	剖析与修正
2）浮球阀远离人孔； 3）高层中间水箱采用专用补水泵补水，由浮球阀控制水位； 3. 未标注补水管口离溢水位之高度； 4. 溢水、泄水管设置 1）管径过大过小； 2）直排至地漏或直排至地面； 3）直连排水管； 4）管口未加网罩。 5. 通气管 1）漏设； 2）只设一根； 3）设两根，但靠近设，一样高； 4）缺网罩。 6. 水位计 1）漏设； 2）高度不够； 3）设在水箱背面。 7. 爬梯 1）漏设； 2）只在人孔外有，人孔内无	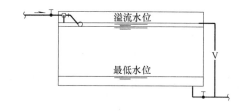 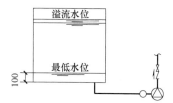 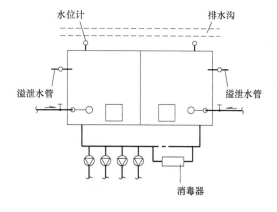 <center>（a）</center> 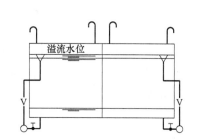 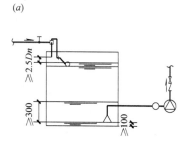 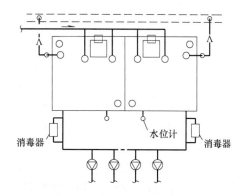 <center>（b）</center> 注：溢水管、通气管末端加18目不锈钢网罩。 <center>图 3-6　水箱与管道、附配件连接示意图</center> <center>（a）错误图示；（b）正确图示</center>

常见问题	剖析与修正
	6. 水池（箱）材质、衬砌材料和内壁涂料，不得影响水质。"

4.3.13 条规定："生活饮用水贮水箱（池）的泄水管和溢水管，应采用间接排水的方式。"

"3.2.4B 生活饮用水水池（箱）的进水管口的最低点高出溢流边缘的空气间隙应等于进水管管径，但最小不应小于 25mm。"

"3.7.7 水塔、水池、水箱等构筑物应设进水管、出水管、溢流管、泄水管和信号装置，应符合下列要求：

2. 进、出水管宜分别设置，并应采取防止短路的措施；

3. 当采用直接作用浮球阀时不宜少于两个，且进水管标高应一致（注：直接作用式即杠杆式）；

4. 当水箱采用水泵加压进水时，应设置水箱水位自动控制水泵开、停的装置。

5. 溢流管宜采用水平喇叭口集水，溢流管的管径，应按能排泄水塔（池、箱）的最大入流量确定，并宜比进水管管径大一级。"

本节所列水池（箱）存在的问题中，不少是违背了上述规范条款的规定。

2. 有的问题虽然在规范中没有明确的规定，但在国家标准图、设计手册中，或在系统运行、维护管理中有相应的要求：

1）浮球阀不应远离人孔

水箱（池）进水浮球阀，随水位变化，经常启闭波动，是水箱（池）配件中最易损坏的部件，需经常维护或定期更换，因此，它应靠近人孔两侧布置。

2）采用专用补水泵（不含由系统加压泵兼作补水用的工况），补水时不能用浮球阀控制水位的原因是当满水位时浮球阀关闭，引起水泵零流量空转，损坏水泵。

3）关于水池（箱）溢、泄水管的设置，除应遵守上述《建水规》的要求外，还必须考虑溢、泄水管具体渲泄位置。有的高层建筑的高位水箱溢、泄水管就地引至地面地漏，而连接地漏的排水管管径为 DN50 或 DN75。当水箱补水浮球阀损坏失灵时，溢水量远大于带地漏算子的排水管排水能力，引起水箱间大量积水往下泄漏，淹没了下部机房，造成很大损失，因此，对于水箱（池）的溢、泄水管具体布置一定要足够重视。

（1）设在地下室底层的水箱（池）其溢、泄水管应引至地面排水沟，其溢、泄水经专用排水泵井排出，排水泵的排水量应大于水箱（池）的补水量。

（2）设在顶层的屋顶水箱，其溢、泄水宜直排室外屋面，经屋面雨水斗排至室外雨水管。

（3）设在中间层的水箱（池），宜将溢水经专用溢水管，泄至室外雨水管或泄至下层裙房的屋面并宜设渗流信号管引至有人值班的地下室水泵房。

（4）《民用建筑节水设计标准》GB 50555—2010 的 4.2.2 条规定"给水调节池或水箱，消防水池或水箱应该设溢流信号管和溢流报警装置，设有中水、雨水回用给水系统的建筑，给水调节水池或水箱清洗时排出的废水、溢水宜排至中水、雨水调节池回收利用。" |

常见问题	剖析与修正
	因此凡有中水、雨水回用系统的工程，还应执行此条规定。
	溢流管口应用 18 目不锈钢或铜丝网包扎，防蛀虫等入池。具体做法见国标图。
	4）水池（箱）的通气管
	《建水规》规定了水池（箱）应设通气管，其目的是保证水池水面上空的空气流通，防止停滞的空气污染水质。但没有具体规定通气管的设置要求。
	为了保证通气管的使用效果，一般宜在池顶两端对角设置高度不一的通气管，其管径为 DN100，两管设置高度不一是为了有利于空气的流通，低进高出。
	当水池（箱）分为两格，隔墙齐顶时，应在水面以上隔墙预留通气孔，否则两格水池（箱）应分设通气管。
	通气管口做法同溢流管口。
	5）水位计
	水池（箱）设水位计是便于值班人员及时观看其水位，保证安全供水。一般玻璃管水位计，单管长≤1200mm，设计时可视水位高度设置一根、两根或多根。其设置总高度应保证全视水池（箱）各水位，具体做法见国标图。
	6）爬梯
	水池（箱）入孔处设爬梯是方便人员检修阀件或清洗水池（箱）时进出水池（箱）使用。因此应在人孔内外均设置爬梯。爬梯应该牢固可靠，定时作防腐处理，防止发生维修人员的不安全事故，其具体做法详见国标图

3.2.4 消毒设施及其他问题

常见问题	剖析与修正
1．未设消毒设施 2．消毒设施设置错误 3．选用材质不合适 4．漏保温措施 5．水箱底架空高度小 6．水箱（池）上方设有厕所浴室 7．中水贮水箱水位设置有误	1．消毒设置 《二次供水工程技术规范》CJJ 140—2010 中 6.5.1 条规定："二次供水设施的水池（箱）应设置消毒设备。" 《建水规》正在全面修编的 2016 年版的征求意见稿也列入了"生活饮用水水池（箱）应设置消毒装置"的强制性条文。因此凡二供水水池（箱）必须设二次消毒装置。 如何选择合适的消毒装置，可参考国家标准图《二次供水消毒设备选用及安装》14S104。选用时一定要注意应用条件。如自洁消毒器，其工作原理是利用水中自有的氯化物，通过微电解产生氧化性物质，对水池（箱）中的水进行消毒抑菌抑藻处理，并通过循环处理使含有消毒成分的水不断清洁水池（箱）壁，因此它要求源水水质氯化物（Cl⁻）不小于15mg/L。此外它的作用半径最大为 3m。设计选用这种简易消毒设置时均应满足此适用条件的要求。 2．水箱的材质直接影响水质。因此《建水规》3.2.12 条的第 6 款规定："水池（箱）材质、衬砌材料和内壁涂料，不得影响水质。"对此一些地方的卫生防疫机构也有具体规定，一般应用于生活饮用水的水箱大多为

31

常见问题	剖析与修正
	不锈钢材质，设计可根据工程要求，各地卫生防疫机构的规定，结合国家标准图选用。不得选用易生锈腐蚀严重的普通钢板水箱。 3. 水箱的保温处理 《建水规》3.7.6 条规定："<u>建筑物贮水池（箱）应设置在通风良好、不结冻的房间内</u>"。因此在有冰冻可能的地方设置水箱的房间，应有采暖，保证水箱（池）间室内温度不低于 5℃，个别不能满足此要求者，应通过计算对水箱（池）壁采用防冻保温或电伴热防冻保温。 水箱保温的另一目的是防止结露。 水箱壁作防结露处理在以地下水为水质的地方尤为重要，因为夏季地下水水温低于室外空气的露点温度，且湿度大，因此，水箱壁如不作保温层，则结露现象严重，既影响环境又易造成不锈钢等金属壁面腐蚀。 4. 水箱及水箱间的布置《建水规》有下列规定： 1）"<u>3.2.11 建筑物内的生活饮用水水池（箱）宜设在专用房间内，其上层的房间不应有厕所、浴室、盥洗室、厨房、污水处理间等</u>"。 2）3.7.3 条第 2 款"<u>池（箱）外壁与建筑本体结构墙面或其他池壁之间的净距，应满足施工或装配的要求，无管道的侧面，净距不宜小于0.7m；安装有管道的侧面，净距不宜小于 1.0m，且管道外壁与建筑本体墙面之间的通道宽度不宜小于 0.6m；设有人孔的池顶，顶板面与上面建筑本体板底的净空不应小于 0.8m</u>"。第 3 款"<u>贮水池（箱）不宜毗邻电气用房和居住用房或在其下方</u>"。 3）3.7.5 条第 2 款"<u>高位水箱箱壁与水箱间墙壁及箱顶与水箱间顶面的净距应符合本规范第 3.7.3 条第 2 款的规定，箱底与水箱间地面板的净距，当有管道敷设时不宜小于 0.8m。</u>" 生活饮用水水池（箱）贮存的是供人们直接饮用的生活用水，为了避免环境的污染，宜将其设置在专用房间内，并且其上层房间不应产生污染源，因此水箱间不应直接位于厕所、浴室、厨房、污水池处理间之下。 水箱不宜毗邻电气用房是避免因水箱在运行中可能漏水，水箱间潮湿影响电气设备正常工作，损坏设备。不宜毗邻居住用房是避免水箱补水时产生水流噪声，振动影响用户的起居生活。 布置水箱时应使其上下、前后、左右均留有一定的空间，便于水箱各种连接管道的安装及清洗、维护管理。水箱底与地面间应留有连接池水管的空间，这是设计容易忽略的地方，其距离一般不宜小于 500mm。 5. 中水贮水箱的水位设置 由自设中水处理站供中水的中水贮水箱（池）一般均应设自来水补水，以防中水处理故障或设备检修时，中断供水。设计中，常出现中水箱（池）自来水补水采用浮球阀直补的做法，如图 3-7 所示： 图 3-7 所示补水方式的错误在于，整个水箱（池）均成了自来水贮水箱（池），中水处理成了虚设。 《建筑中水设计规范》GB 50336—2002 中的 8.2.3 条规定："<u>中水系统的自来水补水宜在中水池或供水箱处，采取最低报警水位控制的自动补给。</u>"

常见问题	剖析与修正

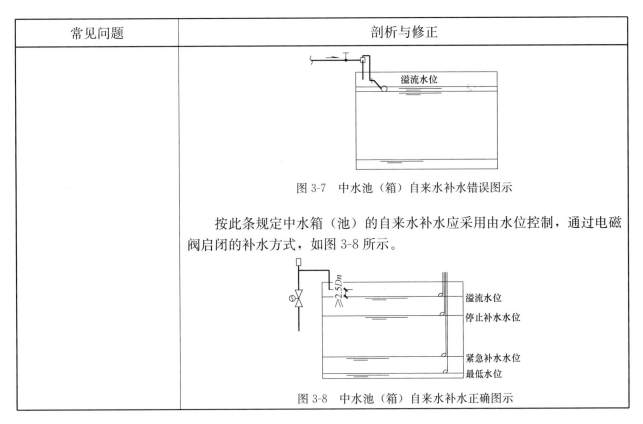

图 3-7　中水池（箱）自来水补水错误图示

　　按此条规定中水箱（池）的自来水补水应采用由水位控制，通过电磁阀启闭的补水方式，如图 3-8 所示。

图 3-8　中水池（箱）自来水补水正确图示

3.3　水泵、水箱间

3.3.1　叠压供水

常见问题	剖析与修正
1. 无完整的市政供水条件资料，又无主管部门的批件； 2. 整个小区或单栋大型建筑采用多套叠压供水水设备； 3. 供水环管 DN200，两套叠压供水泵，吸水管为 DN150、DN100； 4. 叠压水泵吸水管流速 $V=2\sim3\mathrm{m/s}$； 5. 吸水管上倒流防止器漏设或重设； 6. 未叠压； 7. 箱式无负压设备无消毒设施	1. 二次供水的方式及其比较 　　在多层、高层的给水系统设计中，大多采用二次供水的方式，二次供水方式有下列几种形式： 　　1）增压设备和高位水池（箱）联合供水； 　　2）变频调速供水； 　　3）叠压供水； 　　4）气压供水。 　　四种供水方式各有其优缺点，其比较见表 3-2：

二次供水方式比较　　　　　　　　　　　　　表 3-2

序号	供水方式	水泵运行情况	能耗情况	供水安全稳定性	消除二次污染	一次投资	运行费用
1	高位水箱供水	均在高效段运行	1	好	差	1	1
2	气压供水	比1稍差	>1	比1差	较差	<1	稍>1
3	变频调速供水	部分时间低效运行	1~2	比1差	较差	<1	>1
4	管网叠压供水	比3稍差	≈1	差	好	<1	≈1

　　注：1. 一次投资包括供水设备、水池、水箱及设备用房等，运行费用指电费；
　　　　2. 管网叠压供水设备的能耗取决于两点，一是可利用市政水压力 P 的大小及其与系统所需供水压力 P_d 之比值；二是变频调速泵组的配置与水泵扬程的合理性。

常见问题	剖析与修正
	2. 采用叠压供水方式是有条件的

从上比较表 3-2 中可看出：叠压供水与其他供水方式相比，具有节能、防二次污染、节地、省投资等优点。但是它有干扰市政供水管网供水，影响周围用户的供水安全和水压波动等问题。因此，采用这种供水方式是有条件的。对此，有关国家标准、行业标准，推荐性规范及一些地方政府都作出了相关的规定：

1) 《建水规》3.3.2A 条第 1 款："叠压供水设计方案应经当地供水行政主管部门及供水部门批准认可"。《二次供水工程技术规程》CJJ 140—2010 中 5.2.4 条规定："叠压供水方式应有条件使用，采用叠压供水方式时，不得造成该地区城镇供水管网的水压低于本地规定的最低供水服务压力。"

2) 《叠压供水技术规程》CECS 221 中有下列规定：

"3.0.2 当采用从城镇供水管网吸水的叠压供水方式时，应经当地供水部门的同意。"

"3.0.4 叠压供水不得影响城镇供水管网正常供水。"

"3.0.7 叠压供水技术不得用于下列区域：

1. 供水管网定时供水的区域；

2. 供水管网可利用的水头过低的区域；

3. 供水管网供水压力波动过大的区域；

4. 现有供水管网供水总量不能满足用水需求，使用叠压供水后，对周边现有（或规划）用户用水会造成影响的区域。"

"3.0.8 叠压供水技术不得用于下列用户：

1. 用水时间过于集中，瞬间用水量过大且无有效技术措施的用户；

2. 供水保证率要求高，不允许停水的用户；

3. 研究、制造、加工、贮存有毒物质、药品等危险化学物质的场所。"

"3.0.10 在生活用水中采用叠压供水时，供水管网的水压不得低于该地区供水部门规定的最低设定压力值（从室外设计地面算起）；在消防用水中采用叠压供水时，供水管网的水压不得低于 0.10MPa（从室外设计地面算起）。"

"6.1.12 设备的进水管管径宜比供水管网小 2 级或 2 级以上，且叠压供水设备进水管流速为 1.2m/时，可按表 6.1.12 选用。"

叠压供水设备进水管管径　　　　　　　　　　表 6.1.12

供水管网管径	供水设备进水管管径
100	≤65
150	≤80
200	≤100
300	≤150
350	≤200
400	≤250

注：1. 工作泵 2 台及以上时，供水设备进水管管径应按 2 台及以上水泵吸水管过流断面积叠加后换算确定。

2. 对管径级差和过流面积比有特殊要求时，应征得供水部门同意。

3. 供水设备出水管管径可比供水设备进水管管径小一级。

常见问题	剖析与修正
	3）一些地方政府也颁布了相关规定，如北京市规定：

"（1）明确凡有可能对城市供水管网造成回流污染，危害水质的相关行业（如医院、制药行业、化工行业等）禁用无负压供水设备。

（2）使用无负压加压供水设备的外接市政供水管线口径应大于或等于 $DN300$，其所处地区管网压力应大于或等于 $0.22MPa$。

（3）楼前供水管口径应大于或等于 $DN150$。

（4）单套加压设备的预定供水量不得大于 $32m^3/h$。

（5）采用该方式供水的小区，总建筑面积不得大于 20 万 m^2。"

4）综上标准要求，设计叠压供水系统应注意如下几点：

（1）应了解清楚室外市政供水条件，如供水管管径，是否为环状，最低供水压力等。

（2）应有当地主管部门的批文或有业主提出设置叠压供水的书面要求；当无此依据时不宜主动采用叠压供水方式。

（3）叠压供水设备的供水能力及水泵流量及相应的吸水管管径宜按上述《叠压供水技术规程》CECS 221 中的 6.1.12 条的规定设计计算，即应控制水泵吸水管管径比供水（市政管网或小区室外供水环管）小 2～3 级，吸水管流速应≤1.2m/s。

（4）当小区采用多组叠压供水泵供水时，应按其吸水管过流断面之和经换算后按表中要求管径选用；当不满足时，则不应采用叠压供水方式。

3. 计算叠压供水泵组扬程时应减去市政供水管网的最低压力。

"叠压供水"的主要特点就是叠压，有的工程设计时，为了保证安全供水，计算水泵扬程未减去市政管网可供的最低水压。这样机组供水时将会低效运行，达不到应有的节能效果，而且由于市政提供的最低供水压力往往是管网末端最不利处的压力，而在离水厂供水泵站较近处的供水压力可能要较之大得多，当叠压泵所需扬程不高而计算扬程又未减去管网可供压力时，水泵可能频繁启停，既耗能又影响泵组使用寿命。因此，《建水规》3.3.2A 第 2 款规定："叠压供水的调速泵机组的扬程应按吸水端城镇给水网允许最低水压确定。"《二次供水工程技术规范》中 5.3.3 条规定："叠压供水端的设计压力应考虑城镇供水管网可利用水压。"

4. 机组吸水管上的倒流防止器不应漏设或重设。

《建水规》强制 3.2.5 条"从城镇生活给水管网直接抽水的水泵的吸水管上"应设倒流防止器。目的是当市政管网与泵组吸水管接管处出现负压时，不能让泵组后的有压水倒流入市政管网，以防水质回流污染。

但一般工作设计中，为满足消防供水的要求，均是从市政供水管网上分别引入两条引入管连接到室外供水环管上，而两条引入管按规范要求均已设置了倒流防止器，根据《建水规》3.2.5D 条中"注：在给水管道防回流设施的设置点，不应重复设置"倒流防止器的规定，在引入管上已设倒流防止器的条件下，机组吸水管上就不应再设倒流防止器。因倒流防止器的阻力损失最小为 2～4m，如两个串接，阻力损失太大，影响其节能效果。

5. 采用箱式无负压设备宜注意以下两点：

1）不宜主动设计这种供水方式 |

常见问题	剖析与修正
	从市政管网直接抽水供水无疑是二次供水最简单的方式，国外也早有类似做法，但它的前提是市政供水条件好，环状管网双向供水能保证安全供水。一些供水设备企业为扩大产品销路，将叠压供水与低位水箱结合引出了箱式无负压供水的方式，意在市政供水发生断水事故时还有补救措施。这种方式实质上是违背了叠压供水的初衷。箱式无负压设备是叠压供水与传统的水箱加水泵供水的组合方式，它比单纯的叠压供水方式复杂得多。 　　存在的问题一是需选叠压泵和从水箱吸水的加压泵两组泵，后者若按常速泵选择，则成了常速泵或调速泵的串联，由于用水极不均匀，常速泵运行效率很低，且工作不稳定，如按变速泵选，则造价太高，控制复杂，工况复杂。二是水箱的水质难以保证，当市政供水能稳定地保证叠压供水的要求时，水箱加水泵供水部分将长时间不用，即便加消毒措施也难保证箱内水质符合要求，因此《建水规》3.3.2A条的第3款规定叠压供水配置低位水箱时："<u>应采取技术措施保证贮水在水箱中停留时间不得超过12h。</u>"为了解决此问题，加压泵需定时运行一次，水箱还需采取消毒措施。三是上述复杂的运行工况，除非均由设备供应商负责全程维护管理，否则一般的物业管理或工程部运行管理难以到位。 　　2)《二次供水工程技术规程》的5.4.7条规定："<u>叠压供水设备应预留消毒设施接口。</u>"其条文说明补充："<u>当叠压供水设备设有水箱，就应设置消毒设施</u>"。根据此条规定，箱式无负压设备还需配套设消毒设施。 　　6. 较大型的叠压供水设备宜配气压罐或小常速泵加气压罐。 　　叠压供水设备的泵组大多为变频调速泵组，一般选择这种设备时对于用水量较大且用水不均匀的系统均宜配置一台小泵加一个气压罐，以便用水量很低的时候运行，减少变频泵组的运行时间，延长其使用寿命，并且大泵在低流量运行时，即便采用了变频减速的措施，其运行效率也大大降低，如系统在低流量时，有小泵加气压罐供水，这样可大大提高泵组的节能效果。另外设置气压罐还可以起到主泵切换工作时稳定供水压力的作用。 　　目前大多数叠压供水设备企业为简化机组，大都未配置气压罐或小泵加气压罐，设计可根据工程要求予以配置。气压罐的调节容积 V_{q_2} 可按下式确定： 　　微机控制者：$V_{q_2} \geqslant$ 最大工作泵在恒压扬程时工频运行90s的流量； 　　数字集成全变频控制者：$V_{q_2} \geqslant$ 最小一台泵5s的流量

3.3.2 加压水泵及机组

常见问题	剖析与修正
1. 水泵的扬程 H 计算偏大、偏小 　　2. 泵组配置不合理，不安全，不节能，如： 　　1) 不设备用泵；	1. 低位水池（箱）＋变频调速泵组供水系统的水泵计算扬程及选泵扬程的计算： 　　1) 计算扬程： $$H=0.01H_1+0.001H_2+H_3$$ 式中 H——水泵的计算扬程（MPa）；

常见问题	剖析与修正
2）不论供水量有多大都是一用一备两台泵； 3）用水量变化较大的变频泵组未配小泵加气压罐。 3. 水泵吸水管设置设在的问题： 1）多泵共用一根吸水管； 2）吸水管端未设喇叭口； 3）水箱（池）最低水位不满足吸水水深要求； 4）池底吸水； 5）吸水管有上升段，存在气堵	H_1——最不利配水点至水池（箱）最低水位的几何高差（m），如图3-9所示； H_2——水泵出水管至最不利配水点的沿程及局部阻力损失（kPa）； H_3——最不利配水点要求的最低工作压力（MPa）。 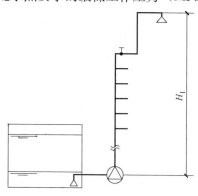 图3-9 水泵扬程计算简图 2）选泵扬程： 选泵的扬程 H' 考虑到水泵长期运行叶轮磨损等因素宜为 $H'=1.05H$。 3）设计水泵扬程偏大偏小问题剖析： （1）最不利配水点选择错误，有的水平管线很长的泵组，不一定最高配水点就是最不利点； （2）配水点的最低工作压力选值有误，如采用冲洗阀冲洗的大便器要求 $P_{min} \geq 0.1MPa$，计算取了冲洗水箱的低值； （3）未准确计算宁大勿小。 2. 泵组应合理配置 1）应设备用泵 《建水规》的3.8.1条第3款规定："生活加压给水泵站的水泵机组应设备用泵。" 设备用泵的目的就是保证安全供水，因为再好的水泵长期运行也有发生故障的时候，备用泵可一用一备或两用一备、三用一备。 2）变频调速加压泵组宜根据流量大小选择一台、两台或三台工作泵。 供水流量 $Q \leq 10m^3/h$，可一台工作泵，$Q=10 \sim 40m^3/h$ 时可两台工作泵，$Q > 40m^3/h$ 可三台工作泵；两台工作泵时，单台泵的流量分配可为 $1/2Q$；三台工作泵时，单台泵的流量分配可为 $1/3Q$；供水流量较大的变频调速泵组采用多台泵并联工作主要是为了提高供水效率，解决"大马拉小车"低效工作的问题，达到节能目的。 3）用水量变化较大的泵站，变频调速泵组宜配置气压罐或气压罐加小常速泵。 前述"叠压供水问题"中，已阐明了泵组配置气压罐及小常速泵的理由。 气压罐及小常速泵的选型计算宜按低用水量时采用气压给水方式来计算，小泵流量可为主泵流量的 $1/3 \sim 1/2$，具体计算可按《建水规》3.8.5条执行，气压罐的调节容积也可按前述3.3.1节方法计算。

常见问题	剖析与修正
	当由厂家配置定型设备时，设计应该校核。 3. 水泵吸水管设计应注意的问题： 《建水规》有关水泵吸水管的设计，有下列规定： 3.8.6 "水泵宜自灌吸水，卧式离心泵的泵顶放气孔、立式多级离心泵吸水端第一级（段）泵体可置于最低设计水位标高以下，每台水泵宜设置单独从水池吸水的吸水管。吸水管内的流速宜采用 1.0～1.2m/s；吸水管口应设置喇叭口。喇叭口宜向下，低于水池最低水位不宜小于 0.3m，当达不到此要求时，应采取防止空气被吸入的措施。 吸水管喇叭口至池底的净距，不应小于 0.8 倍吸水管管径，且不应小于 0.1m；吸水管喇叭口边缘与池壁的净距不宜小于 1.5 倍吸水管管径；吸水管与吸水管之间的净距，不宜小于 3.5 倍吸水管管径。" 3.8.7 "当每台水泵单独从水池吸水有困难时，可采用单独从吸水总管上自灌吸水，吸水总管应符合下列规定： 1. 吸水总管深入水池的引水管不宜少于 2 条，当一条引水管发生故障时，其余引水管应能通过全部设计流量。每条引水管上应设闸门； 2. 引水管宜设向下的喇叭口，喇叭口的设置应符合本规范第 3.8.6 条中吸水管喇叭口的相关规定，但喇叭口低于水池最低水位的距离不宜小于 0.3m； 3. 吸水总管内的流速应小于 1.2m/s； 4. 水泵吸水管与吸水总管的连接，应采用管顶平接，或高出管顶连接。" 有关水泵吸水喇叭口的设置详见本书图 3-6。 概括上述条款的理由，一是为了安全供水，如设两条吸水管，保证吸水喇叭口的淹没深度等；二是为了保证水泵的正常工作，防止吸水口外形成涡流吸进气体或吸水管太近干扰吸水管的正常运行。另外，当吸水管有上升段时，应在其最高处设放气阀，单泵吸水管与共用吸水总管应采用管顶平接。当水泵吸水喇叭口淹没水深不能满足要求时，应设防涡流板，目前已有一些水泵厂商能配套提供。三是为了保证供水水质。如吸水喇叭口需离开池底一定净距，控制吸水管流速等是防止水泵运行吸水时，将沉积在箱底的泥、沙、污物吸入，污染水质

3.3.3 水泵间设计

常见问题	剖析与修正
1. 水泵房位于居住用房之上、下； 2. 水泵间未作防振、隔声处理或不到位； 3. 水泵间漏设排水沟或地漏	水泵间设计应注意的问题： 1）关于水泵间设置有关规范有下列规定： （1）强规：《城镇给水排水技术规范》GB 50788—2012 3.6.6 条"给水加压、循环冷却等设备不得设置在居住用房的上层、下层和毗邻的房间内，不得污染居住环境。" （2）《建水规》的规定： "3.8.10 小区独立设置的水泵房，宜靠近用水大户。水泵机组的运行噪声应符合现行国家标准《声环境质量标准》GB 3096 的要求。"

常见问题	剖析与修正
	"3.8.11 民用建筑物内设置的生活给水泵房不应毗邻居住用房或在其上层或下层，水泵机组宜设在水池的侧面、下方，单台泵可设于水池内或管道内，其运行噪声应符合现行国家标准《民用建筑隔声设计规范》GB 50118 的规定。" "3.8.12 建筑物内的给水泵房，应采用下列减振防噪措施： 1. 应选用低噪声水泵机组； 2. 吸水管和出水管上应设置减振装置； 3. 水泵机组的基础应设置减振装置； 4. 管道支架、吊架和管道穿墙、楼板处，应采取防止固体传声措施； 5. 必要时，泵房的墙壁和天花应采取隔音吸音处理。" "3.8.13 设置水泵的房间，应设排水设施；通风应良好，不得结冻。" "3.8.16 泵房内宜有检修水泵的场地，检修场地尺寸宜按水泵或电机外形尺寸四周有不小于 0.7m 的通道确定。泵房内配电柜和控制柜前面通道宽度不宜小于 1.5m。泵房内宜设置手动起重设备。" 2）应注意的问题： （1）高层或超高层建筑，往往中间层要布置分区供水的水箱及水泵间，这对宾馆和公寓、住宅来说，要满足上述规范的要求是一道难题，现有设计解决得较好的办法是水泵间上、下做夹层或做净高为 500mm 左右的架空层，以避免与上、下居住用房直接毗邻。 （2）水泵运行时噪声及输配水时引起的管道振动是用户投诉最多的问题。设计除按《建水规》3.8.12 的规定进行设计外，还应给建筑专业提出做好泵房四周隔音、吸音处理，特殊情况下还可以采取为水泵机组加隔音罩或采用潜水泵的措施。 （3）有的住宅水泵吸、压水管、输水主立管引起的震动隔多层都能感受到，因此水泵本体的减振及管道隔振一定要按国标图集做好水泵隔振基础，管道采用弹性支、吊架支承。立管穿越楼板应设套管，套管与立管之间应填柔性材料

3.4 冷却塔

3.4.1 缺以基础资料为依据的基本参数或参数不合理、不全

常见问题	剖析与修正
1. 设计参数不全； 2. 冷却水进、出水温度参数为 37℃/28℃	1. 选用冷却塔应有的基础资料及应提供的主要设计参数 1）气象资料： 空气干球温度 Q（℃）、空气湿球温度 τ（℃）、大气压力（100Pa）、夏季主导方向、风速或风压、冬季气温等。其中主要设计参数是 τ、Q 和夏季主导方向。这些参数可查《全国民用建筑工程设计技术措施》给水排水部分（2009 年版）的附录 G。 2）冷却水条件 （1）一般民用建筑配空调冷却水循环系统的冷却塔冷却水循环水水量 Q（m³/h），冷却塔进水温度 t_1（℃），出水温度 t_2（℃）等均由空调专业提供。

常见问题	剖析与修正
	（2）冷却水补水量按《建水规》3.10.11 条注明要求"按冷却水循环水量的 1‰~2‰确定。"

（3）民用建筑冷却塔冷却水水源均为市政给水，水质能够保证要求，当采用中水或其他水源时，应注明冷却水补水水质应符合《工业循环冷却水处理设计规范》的有关规定。

（4）制冷机组冷凝器的阻力是计算循环泵扬程的基础数据，其值一般为 0.05~0.15MPa。

2. 冷却水进、出塔的水温参数的确定

1）影响冷却水进、出塔水温 t_1、t_2 的主要因素：

（1）空气干、湿球温度。对此《建水规》3.10.2 条规定："冷却塔设计计算所选用的空气干球温度和湿球温度，应与所服务的空调等系统的设计空气干球温度和湿球温度相吻合，应采用历年平均不保证 50h 的干球温度和湿球温度"。亦可查《建筑给水排水设计手册》（第二版上册）的表 12.3-1 "主要城市气象资料统计"。

由于民用建筑的冷却塔主要用于炎热的夏季，冷却水在塔中冷却降温效果有 90%以上依赖空气干湿球温度差所致的蒸发散热。因此设计选用冷却塔，应先掌握当地的空气干、湿球温度。

（2）冷却塔产品的性能及不同塔形有不同的结构形式（如开式、闭式、横流，逆流等各种塔形，构造均不同），对于开式塔，冷水密度及其均匀性，所用填料的性能、厚度、风机的参数，以及进风口，出风筒等均对冷效有很大影响，不同的塔均应有经热工性能测定的参数，其中主要参数为 t_1、t_2 值。因此，设计应在了解不同塔型性能参数的基础上选择合理的塔形。

（3）冷冻机组冷凝器的要求。冷凝器实质为列管式换热器，它是按一定的进、出水温差和相应的流量（流速）来设计的，如选用的 t_1-t_2 的温差值过大，则循环水量减少，流速降低，传热系数相应降低，使冷却水提供的散热量达不到要求，影响制冷效果。

2）正确选取 t_1、t_2 值

（1）一般民用建筑配备调机组用冷却塔的 t_1、t_2 值均由暖通专业提供，其值大多为 $t_1=37℃$，$t_2=32℃$；

（2）部分工程考虑循环水量太大，为了缩小供回水管管径，采取加大 t_1-t_2 温差借以减少循环水量，这种做法需满足下列条件：

① 与暖通专业商量，t_1-t_2 有多大调节余地；

② 与冷却塔设备厂家商量，塔的性能参数能否满足增大的 t_1-t_2 值的要求。一般冷却塔的 t_2 值需要满足冷幅度高（即 t_1-t_2）≈4℃，如北京地区 $T=26.3℃$，则 t_2 的最低值为 $t_2=26.3℃+4℃=30.3℃$。

因此问题中的 $t_1/t_2=37℃/28℃$ 肯定是很不合理的参数。 |

3.4.2 冷却塔布置布管问题

常见问题	剖析与修正
1. 冷却塔布置不合理，靠墙太近，夏季补水量大； 2. 多塔布置无连通管，又未放大回水干管管径； 3. 补水管未加泄空管，水表或位置设置不当； 4. 循环水干管交错布置，干管分段变径； 5. 缺循环冷却水水质处理措施； 6. 冷却塔补水泵与消防泵共总吸水管	1. 冷却塔的布置应合理 设计中由于冷却塔体型大，数量多，往往要受到建筑与结构的许多限制，主要问题是塔与塔或塔与墙间距离太近不满足布塔要求，其后果，运行时塔的气流相互干扰，从塔顶出风筒出来的热空气回流到进风口，大大降低冷却效果，为了保证冷却水换热要求，不得不超量补充冷却水。而用水量大的夏季用水紧张，冷却水补水量对于单栋建筑来说又是一个大用户，这样更加剧了供水的紧张，且严重浪费水资源。因此，设计布塔时，应与建筑专业商量妥善解决此问题。 对于冷却塔的具体布置要求，正在全面修编的《建水规》征求意见稿规定如下： "1 冷却塔宜单排布置，当需要多排布置时，塔排之间的距离应保证塔排同时工作时的进风量并不小于进风口高度的4倍。 2 单侧进风塔的进风面宜面向夏季的主导方向，双侧进风塔的进风口宜平引夏季主导方向。 3 冷却塔进风侧离建筑物的距离，宜大于进风口高度的2倍，冷却塔的四周除满足通风要求和管道安装位置外，还应留有检修通道，通道净宽不宜小于1.0m。 4 多塔布置时应考虑回水不短路，集水盘不渗水。为保证多塔布置时各塔的冷效得以充分利用，宜优先考虑设集水池，当不能满足时，应加大集水盘深度。 不设集水池的多台塔并联布置时，各塔集水盘宜设连通管，以保持运行中各集水盘水位一致；连通管、回水管与各塔出水管的连接应为管顶平接。塔的出水口应有≥0.5m淹没水深，以防空气吸入影响水泵正常工作。" 另外，多塔并联布置时候，为了有利于各塔的均衡进出水，减少由于至各塔的供回水干管的长度不一引起的阻力差异，一般供回水干管宜全程不变径，同时由于塔组冷却水量、供、回水干管管径大，布置时，宜将供、回水干管平行布置，这样可二管共用管道支墩，方便安装、维护管理，整齐美观，如图3-10所示 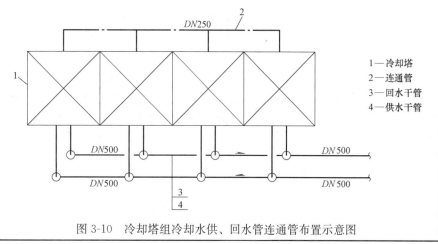 图3-10 冷却塔组冷却水供、回水管连通管布置示意图

常见问题	剖析与修正
	2. 补水水表、泄空管的设置位置 冷却塔的补水管应设水表计量用水量，这在《建水规》的 3.10.11A 和《民用建筑节水设计标准》6.1.9 条中有明确规定。 补水管上水表设置的位置不宜露天，宜放在水泵房等室内机房的便于观察的地方，这在给水管放在室外可能冰冻的地区更为重要。 补水管还应设泄空管，是为了在冷却塔停用时及时泄空管内存水；其理由一是防止滞水水质变坏，二是寒冷地区防止滞水冻结损坏管道及阀件。因此，泄水管的位置应满足这两点要求，即加压补水时，泄水管宜靠近水泵出水管处，利用市政供水压力直接补水时，泄水管宜靠近有供水总管引出的补水管处。 3. 循环冷却水应有水处理措施 1) 一般民用建筑集中空调系统大都采用开式冷却塔，冷却水在循环过程中将会出现水质不稳定，引起设备管道腐蚀、结垢及塔中淤泥、砂沉淀等一系列问题，同时，冷却水蒸发的水雾中可能含有军团菌等致病细菌将污染周围环境。 影响循环冷却水水质的主要因素，有如下几点： （1）运行中冷却水和空气充分接触，使水中的溶解氧达到饱和，而溶解氧是引起金属电化学腐蚀的主要原因。 （2）冷却水在塔内不断蒸发，使循环水中含盐量逐渐增加，加上水中的二氧化碳在塔中解析逸散，使水中的碳酸钙结垢，吸附沉淀在冷凝器换热管壁和冷却塔填料表面上。 （3）冷却水与空气接触，吸收了空气中的大量灰尘、泥沙、微生物及孢子，使水中污泥量大增。同时塔内的光照、适宜的温度、充足的氧和养分都有利于细菌和藻类的生长、繁殖，并使水中黏泥增加，这些生物污泥沉积在散热表面上，不仅严重影响散热冷却效果，而且使冷却水蒸发的水雾因夹带细菌等而污染环境。 依上分析，循环冷却水必须进行水质处理，因此，《建水规》的 3.10.12 条规定："建筑空调系统的循环冷却水系统应有过滤、缓蚀、杀菌、灭藻等水处理措施。" 2) 设计应做的工作： （1）设计冷却水水质处理的内容，主要在首页施工图说明中予以表达，表述的内容含冷却水旁滤装置（清除泥沙等杂质）、自动加药装置（除藻、灭菌）、阻垢、缓蚀处理装置（减少水垢和缓解腐蚀）、排气装置（排去多余的气体，缓解腐蚀）。医院、疗养院、养老院、幼儿园等处的循环冷却水系统宜在旁滤装置后加紫外线光催化二氧化钛（AOT）灭菌装置，以消灭冷却塔水雾中的军团菌等致病细菌。 （2）明确由冷却塔设备供应商负责配套提供上列设施，也可按国家标准图《中小型冷却塔选用及安装》023106 中选用合适的处理装置。 （3）冷却塔补水与消防贮水共用水池时，补水水泵吸水管的布置应保证不动用消防用水，下列图 3-11、图 3-12 为补水泵吸水管错误布置图示，图 3-13 为补水泵吸水管正确布置图示。

常见问题	剖析与修正

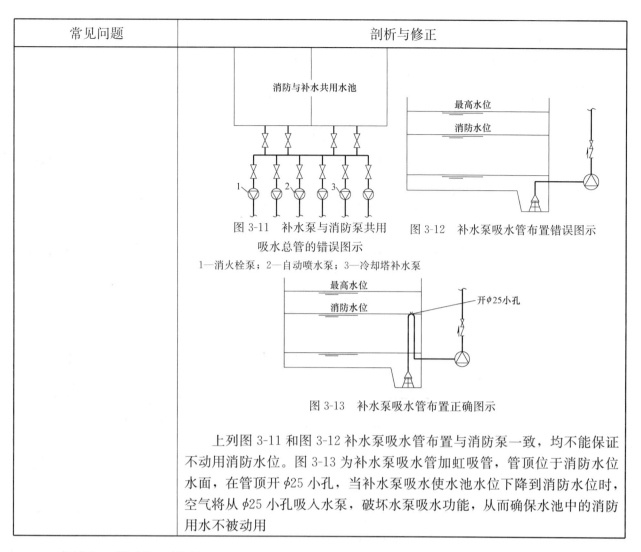

图 3-11　补水泵与消防泵共用吸水总管的错误图示

1—消火栓泵；2—自动喷水泵；3—冷却塔补水泵

图 3-12　补水泵吸水管布置错误图示

图 3-13　补水泵吸水管布置正确图示

上列图 3-11 和图 3-12 补水泵吸水管布置与消防泵一致，均不能保证不动用消防水位。图 3-13 为补水泵吸水管加虹吸管，管顶位于消防水位水面，在管顶开 ϕ25 小孔，当补水泵吸水使水池水位下降到消防水位时，空气将从 ϕ25 小孔吸入水泵，破坏水泵吸水功能，从而确保水池中的消防用水不被动用

3.5　阀门、管材、管件

3.5.1　管材管件

常见问题	剖析与修正
1. 住宅给水管选用 PPR 或钢塑管单一管材	宜按干、立、支管分别选用管材 1）住宅建筑内给水系统的供水管道由干管、立管及入户支管组成，其承受的工作压力有很大差别，尤其是高层住宅，由加压泵供水的总干、立管承压高，而入户支管均由各供水分区的立管引出，供水压力≤0.45MPa，有的支管还设了减压阀，其承受压力更低。因此，仅从管道承受工作压力分析，整个给水系统管道选用同一种管材不合理。 2）《建水规》的 3.4.3 条"注"规定："高层建筑给水立管不宜采用塑料管"。此条规定的理由是，一般给水塑料管防火性能差，火灾时易烧坏，影响消防时的供水和产生次生灾害。 另外塑料管易受紫外线照射的影响，使其易老化，因此，宜暗装，一般工程干、立管全暗装难以做到。 3）合理的措施是：干立管选用耐腐蚀的金属管材或金属与塑料的复合管材，支管选用无连接管件的塑覆薄壁不锈钢管、PPR 管、PB 管

常见问题	剖析与修正
2. 选用 PPR 等塑料管未注明系列，未注明试压的特殊要求	选用 PPR 等塑料给水管时，对其承压，试压，连接方式等予以说明： 1）塑料给水管的工作压力： 塑料管的承压能力与水温有密切关系，水温越高承压能力越低，因此，选用塑料管时应按水温情况确定其工作压力。 （1）硬聚氯乙烯 PVC-U 塑料管：（国标图 02SS405-1）提出："<u>系统工作压力≤0.6MPa 的室内给水管，$DN<50$ 时宜选用 $P_N1.6$MPa 的管材。$DN≥50$ 时宜选用 $P_N1.0$MPa 的管材。</u>" （2）聚丙烯（PP-R）管：PPR 管应按照《建筑给水聚丙烯管道工程技术规范》GB/T 50349—2005 中关于冷、热水管设计压力的管系列选择表选用相应的管系列，管系列选择见表 1-9； （3）交联聚乙烯（PE-X）管 ① 冷水管选用管系列 S：见表 3-3； **冷水管选用 PE-X 管系列 S**　　表 3-3 TABLE_1 注：冷水设计温度≤40℃。 ② 热水管选用罐系列 S：见表 3-4； **热水管选用 PE-X 管系列 S**　　表 3-4 TABLE_2 注：热水设计温度≤70℃。 2）塑料给水管的试验压力 （1）PVC-U、PEX 塑料管的试验压力同金属管，即 $P_试$ 等于 1.5 倍管道工作压力，且不得小于 0.6MPa； （2）PPR 管：冷水管的 $P_试$ 应等于 1.5 倍管道工作压力，但不得小于 0.9MPa；热水管的 $P_试$ 应等于 2.0 倍管道工作压力，但不得小于 1.2MPa； 3）塑料管的连接方式，不同管材有不同的连接方式，同一管材不同口径，不同敷设条件亦有不同的连接方式。其具体要求及做法详见国标图 02SS405 及相关的标准
3. 室外给水管采用给水铸铁管石棉水泥捻口	室外给水管的选用： 《建水规》对室外给水管材的选用条文如下： "<u>3.4.1：给水系统采用的管件和管材，应符合国家现行有关产品标准的要求。管材和管件的工作压力不得大于产品标准公称压力或标称的允许工作压力。</u>"

冷水管选用 PE-X 管系列 S　表 3-3

P_N(MPa)	0.4	0.6	0.8	1.0
管系列	S6.3	S5	S4	S3.2

热水管选用 PE-X 管系列 S　表 3-4

P_N(MPa)	0.4	0.6	0.8	1.0
管系列	S6.3	S5	S4	S3.2

常见问题	剖析与修正
	"3.4.2：小区室外埋地给水管道采用的管材，应具有耐腐蚀和能承受相应地面荷载的能力。可采用塑料给水管，有衬里的铸铁给水管，经可靠防腐处理的钢管。管内壁的防腐材料，应符合现行的国家有关卫生标准的要求。" 当室外给水管选用室外铸铁管时，宜明确为衬里（一般内衬水泥）的球墨给水铸铁管，采用承插接口，橡胶圈密封。石棉水泥捻口是 20 世纪 80 年代以前的接口方式，因石棉有害人体，因此这种接口方式，在 20 世纪末就已作为淘汰产品列入国家有关部委颁发的文件中
4. 卫生间垫层内选用带连接管件的金属管	卫生间垫层内敷管之要求： 《建水规》3.5.18 条对垫层或墙体管槽内敷管的要求为："5 敷设在垫层或墙体管槽内的管材，不得有卡套式或卡环式接口，柔性管材宜采用分水器向各卫生器具配水，中途不得有连接配件，两端接口应明露。" 卫生间内给水管暗设在墙槽和垫层内是近二十年来的常规做法，其主要优点是美观、整齐，但处理不好，即一旦管道破损漏水，则害人害己，造成很大的麻烦。为了保证暗设在垫层内的给水管道不易损坏，设计应采取如下措施：其一，选用薄壁不锈钢管、铜管等耐腐蚀、使用寿命长的金属管材或质量好的 PPR、PB 等给水塑料管。金属管应在管外壁衬塑料层作防腐及保温用；其二，管道连接处是暗设管道最易出问题的地方，且管件外形尺寸大于管道，在垫层厚度受限制的卫生间暗设，该处的保护层厚度很难保证。因此，暗设在垫层，墙槽内的管道不得有三通，弯头等连接管件，一般均采用焊接或热熔的连接方式；其三，暗设在垫层内管道应尽量靠墙边，并应在相应地面上做标识，以防装修时破坏；其四，管外壁应有不小于 2cm 的保护层，既保护管道又保护地面面层（尤其是热水管暗设的地方）
5. 超高层（$H >$ 300m）的建筑给水立管采用薄壁不锈钢管	超高层建筑给水干、立管采用不锈钢管时，不应用薄壁不锈钢管。薄壁不锈钢管管道的承压能力虽然可达约 2.4MPa，但其连接处一般不易保证能承受较高压力，因此，当给水干、立管选用不锈钢管时，超高层建筑应选用普通壁厚的管道

3.5.2 减压阀

常见问题	剖析与修正
1. 不分冷热水，不分安装位置或系统，选用同型减压阀； 2. 系统分区用减压阀未设双阀，而加旁通闸阀	设计选用减压阀应注意事项： 1. 用于给水分区的减压阀与用于入户支管的减压阀应予区分。 给水减压阀有弹簧膜片式、比例式和先导式三种类型，其中弹簧膜片式和先导式是可调减压值的，比例式减压阀为固定减压比。一般生活给水、热水系统均选用可调式减压阀，消防给水系统可优先选用比例式减压阀。 给水分区用减压阀，当管径 $DN \geq 50$mm 时宜选用先导式减压阀。 支管减压阀一般安装在管井内，安装位置很小，阀后很难安装调节及显示用压力表，因此宜选用自带压力表的可调式减压阀。

常见问题	剖析与修正
	2. 热水系统用减压阀，宜在材料表中与冷水用阀分别标出，因二者使水温不同，有的阀件用于热水者采用了耐高温的密封件。 3. 《建水规》3.4.9条第5款规定："当在供水保证率要求高，停水会引起重大经济损失的给水管道上设置减压阀时，宜采用两个减压阀，并联设置，不得设置旁通管。" 根据此款要求，一般给水系统分区用减压阀因其出故障时影响范围大，宜设双阀同时使用，而不得设一组减压阀，一个旁通阀。当减压阀检修而旁通阀工作时，整个分区内系统超压。不仅浪费水，而且可能损坏卫生器具与给水水嘴等配件

3.5.3 倒流防止器，真空破坏器

常见问题	剖析与修正
1. 未注明类型； 2. 倒流防止器未设，重设，多余设； 3. 真空破坏器设置错误	1. 倒流防止器设置 1）对于倒流防止器的设置，《建水规》有下规定： "3.2.5 从生活饮用水管道上直接供下列用水管道时，应在这些用水管道的下列部位设置倒流防止器： 1. 从城镇给水管网的不同管段接出两路及两路以上的引入管，且与城镇给水管形成环状管网的小区或建筑物，在其引入管上； 2. 从城镇生活给水管网直接抽水的水泵的吸水管上； 3. 利用城镇给水管网水压且小区引入管无防回流设施时，向商用的锅炉、热水机组、水加热器、气压水罐等有压容器或密闭容器注水的进水管上。" "3.2.5A 从小区或建筑物内生活饮用水管道系统上接至下列用水管道或设备时，应设置倒流防止器： 1. 单独接出消防用水管道时，在消防用水管道的起端； 2. 从生活饮用水贮水池抽水的消防水泵出水管上。" "3.2.5B 生活饮用水管道上接至下列含有对健康有危害物质等有害有毒场所或设备时，应设置倒流防止设施： 1. 贮存池（罐）、装置、设备的连接管上； 2. 化工剂罐区、化工车间、实验楼（医药、病理、生化）等除按本条第一款设置外，还应在其引入管上设置空气间隙。" "3.2.5D 空气间隙，倒流防止器和真空破坏器的选择，应根据回流性质，回流污染的危害程度按本规范附录A确定。 注：在给水管道防回流设施的设置点，不应重复设置。" 2）根据以上条款规定，设计应做到： （1）严格按条文要求设置倒流防止器。 （2）由于倒流防止器阻力大，不需设置倒流防止器就不设，更不要重设，否则，给水系统将不能充分利用市政供水压力，耗能。如从城镇给水管网连接的引入管为单路时，可不设。 另外，从小区或建筑物给水环管上取水的叠压供水设备，如环管与市政管网连接的两条引入管上均已设倒流防止器时，其吸水管亦不必设倒流防止器。

常见问题	剖析与修正
	（3）室内连接空调机组的给水管段上不应设倒流防止器。因此管段是供空调机组加湿用，就如淋浴器喷水，不存在倒流污染的问题。

（4）除上述《建水规》3.2.5B规定的范围外，其余给水管段上均可按《建水规》附录 A.0.2 的规定，选用双止回阀倒流防止器。这样其一是阻力损失小，一般为 2～4m，其二，此种阀无泄水腔，为全密闭阀组，可置于室外管井内。对于 3.2.5B 条规定的设置点则应选用大阻力防倒流功能最好的减压型倒流防止器。

2. 真空破坏器的设置

1）《建水规》对真空破坏器设置的规定：

"3.2.5C 从小区或建筑物内生活饮用水管道上直接接出下列用水管道时，应在这些用水管道上设置真空破坏器：

1. 当游泳池、水上游乐池、按摩池、水景池、循环冷却水集水池等的充水或补水管道出口与溢流水位之间的空气间隙小于出口管径 2.5 倍时，在其充（补）水管上；

2. 不含有化学药剂的绿地喷灌系统，当喷头为地下式或自动升降式时，在其管道起端；

3. 消防（软管）卷盘；

4. 出口接软管的冲洗水嘴与给水管道连接处。"

2）真空破坏器的类型：

真空破坏器有大气型与压力型两种。

（1）大气型真空破坏器是一种可在给水管内水压小于大气压时导入大气的真空破坏器，其选用和设置应符合下列要求：

① 上述《建水规》3.2.5C 条的"1"，"2"款规定的游泳池等补水水池的补水管，绿地喷灌系统的给水管等应装大气型真空破坏器；

② 真空破坏器规格同给水管管径，但给水管管径大于 50mm 时，真空破坏器口径可为 $DN50$；

③ 设置位置，应位于立管顶部，如图 3-14、图 3-15 所示：

a. 真空破坏器上游接口高出下游管段垂直距离应不小于 150mm，见图 3-14。

注：1. 真空破坏器进水端可不装阀门，但进水端和出水端应装活接管配件。

2. 绿化场地喷头为地下式或自动升降式，建筑小区道路，清洁用水地下接驳头时，应以最高一只喷头或接驳头标高为准。

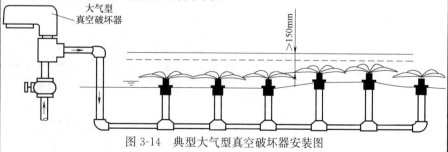

图 3-14 典型大气型真空破坏器安装图

b. 单顶管型真空破坏器底端距用水，贮水设备，构筑物溢流水面不小于 150mm，见图 3-15。

常见问题	剖析与修正
图 3-15　单顶管型真空破坏器安装图

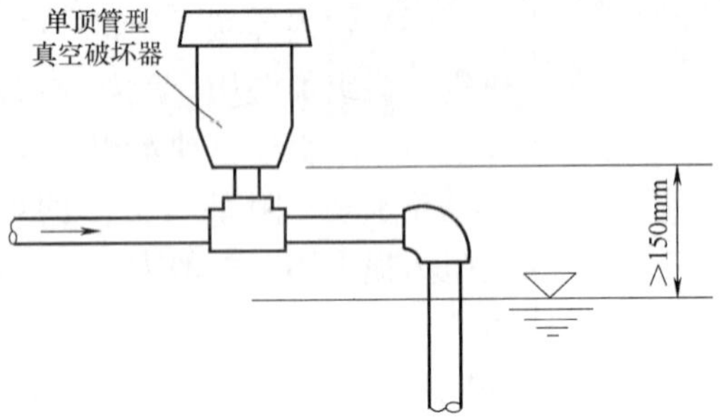

（2）压力型真空破坏器是一种供水管内水压失压至某一设定压力时先行断流，之后产生真空时导入空气防虹吸回流的真空破坏器，其选用和设置应符合下列要求：

① 上述《建水规》3.2.5C 条 "3"，"4" 款规定的消防（软管）卷盘等给水支管的始端应装压力型真空破坏器。

② 真空破坏器规格同给水管管径。

③ 设置位置，应位于配水管始端管段上，具体安装方式如图 3-16 所示：

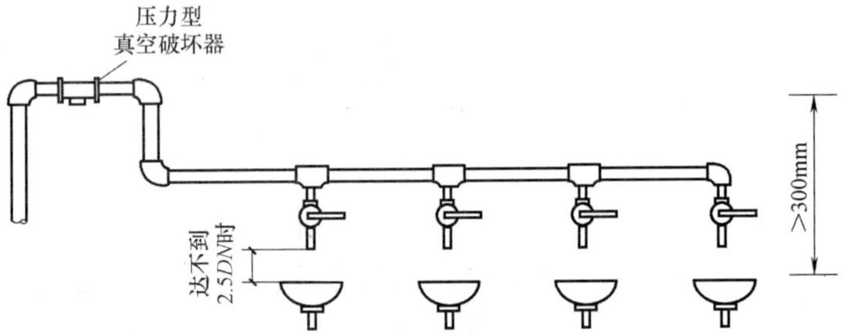

图 3-16　压力型真空破坏器安装图 |

3.5.4　止回阀

常见问题	剖析与修正
1. 公共浴室用电热水器给水管上未设止回阀； 2. 消防水箱出水管上止回阀重设； 3. 选用未加说明	1.《建水规》对给水管上设置止回阀的规定： "3.4.7：给水管道的下列管段上应设置止回阀： 注：装有倒流防止器的管段，不需要再设置止回阀 1. 直接从城镇给水管网接入小区或建筑物的引入管上； 2. 密闭的水加热器或用水设备的进水管上； 3. 每台水泵出水管上； 4. 进出水管合用一条管道的水箱，水塔和高位水池的出水管段上。" "3.4.8 止回阀的阀型选择，应根据止回阀的安装部位，阀前水压，关闭后的密闭性能要求和关闭时引发的水锤大小等因素确定，并应符合下列要求： 1. 阀前水压小的部位，宜选用旋启式、球式和梭式止回阀； 2. 关闭后密闭性能要求严密的部位，宜选用有关闭弹簧的止回阀； 3. 要求削弱关闭水锤的部位，宜选用速闭消声止回阀或有阻尼装置的缓闭止回阀；

常见问题	剖析与修正
	4. 止回阀的阀瓣或阀芯，应能在重力或弹簧力作用下自行关闭； 5. 管网最小压力或水箱最低水位应能自动开启止回阀"。 2. 设计中选用止回阀应注意的事项： 1)《建水规》3.4.7 条第 2 款所指的密闭式水加热器，包括集中式热水供应系统的容积式、半容积式、半即热式、快速水加热器及公共小浴室用的电热水器、燃气热水器，不含每户自用的小型热水器。 2) 高位消防水箱分别连接消火栓系统和自动喷洒系统的供水管上止回阀不应重设（图 3-17） 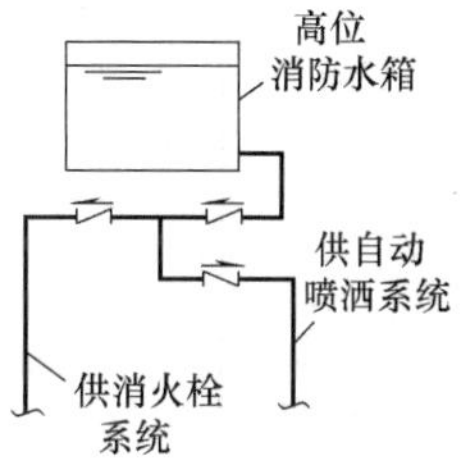 图 3-17　止回阀重设的错误图示 　　因为止回阀阀瓣的开启需要一定的水头（一般 0.3～1.0m 左右），如两个止回阀串接，有可能第二个止回阀打不开，影响消防供水。 　　3) 设计应根据设置位置和系统要求合理选择止回阀。 　　(1) 用于热水系统者应标明使用温度。 　　(2) 用于生活给水加压泵组出水管上的止回阀需考虑防水锤、防噪声，宜采用速闭消声止回阀和阻尼缓闭止回阀，前者适用于小口径泵组，后者适用于大口径泵组。 　　(3) 消防泵出水管上的止回阀应选用关闭严密（一般为带弹簧阀瓣）的止回阀，以减少高位消防水箱的漏水或防止稳压泵组频繁启闭。 　　(4) 止回阀止回具有方向性，应与水流方向一致，但水流自上而下的立管上不应设止回阀，因为此时阀瓣不能自行关闭。 　　(5) 卧式升降式止回阀和阻尼缓闭式止回阀等只能安装在水平管上，立式升降式止回阀只能安装在立管上。

3.6　管道敷设

3.6.1　干、立管敷设

常见问题	剖析与修正
1. 给水、中水、消防干管敷设在屋顶，但无管沟	1. 给水，中水，消防干管，立管的敷设应满足《建水规》3.5.18 条第 2 款"干管和立管应敷设在吊顶、管井、管窿内"的要求。 　　建筑给排水设计的给水管除服务于室外布置的冷却塔的冷却水管与补水管外，一般均应按上述条款明装或暗装于室内。即便南方无冰冻地区，也不能将给水干、立管直接露天敷设，其理由：一是管道直露室外，受日晒雨淋，将加速腐蚀损坏；二是给水升温，有利于管中微生物生长繁殖，破坏水质。因此当采用干管直敷屋顶时，需有管沟、保温等保护管道和水质的措施

常见问题	剖析与修正
2. 住宅建筑的给水总立管（不含分区并分层引出入户支管的立管）消防立管，雨水立管等设在住户套内	2. 住宅建筑中与住户无直接关系的立管不应布置在住户内。 全文强制的国家标准《住宅建筑规范》GB 50368—2005 的 8.1.4 条规定："住宅的给水总立管，雨水立管，消防立管，采暖供回水总立管和电气、电信干线（管），不应布置在套内。"条文中的给水总立管指的是由市政管或二次供水泵供给高位水箱，或上行下给式系统的给水补水立管和系统总立管，如图 3-18 所示： 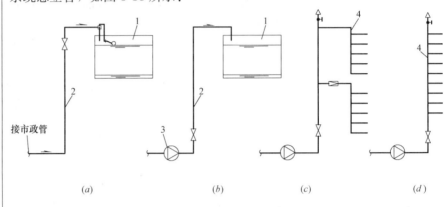 图 3-18　给水总立管示意图 1—高位水箱；2—给水总立管；3—二次供水泵；4—分区立管 图 3-18 中分区立管与每户有直接关系，不属给水总立管的范围，它可设在住户套内
3. 给水管等敷设在电缆井、便槽内	3. 给水管不能敷设在安装维修有危险且管道事故漏水对电缆设施有害的电缆井内，《建水规》对此有规定的条款为"3.5.7 条：室内给水管道不宜穿越变配电房、电梯机房、通信机房、大中型计算机房、计算机网络中心、音像库房等遇水会损坏设备和引发事故的房间，并避免在生产设备、配电柜上方通过。" "室内给水管道的布置，不得妨碍生产操作、交通运输和建筑物的使用。" 此外，《建水规》3.5.10 条规定"给水管道不得敷设在烟道、风道、电梯井内、排水沟内。给水管道不宜穿越橱窗，壁柜。给水管道不得穿过大便槽和小便槽，且立管离大，小便槽端部不得小于 0.5m。"此条对给水管道的敷设提出了更为具体的要求，目的是保护管道，保证给水水质不受污染
4. 管道穿伸缩缝，沉降缝，未处理或处理不当	4. 管道穿越建筑沉降缝，伸缩缝的处理： 1）《建水规》3.5.11 条规定："给水管道不宜穿越伸缩缝、沉降缝、变形缝。如必须穿越时，应设置补偿管道伸缩和剪切变形的装置。" 2）设计布管时，宜尽量避免管道穿越伸缩缝、沉降缝，当不可避免时应采取：加伸缩节头，门型补偿管段等措施，如图 3-19 所示：

常见问题	剖析与修正

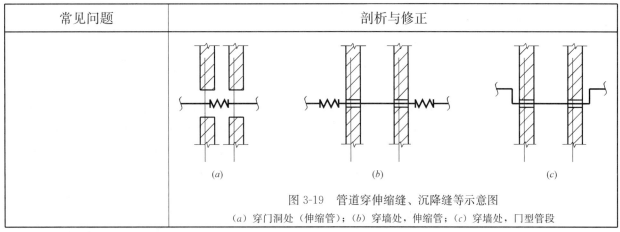

图 3-19　管道穿伸缩缝、沉降缝等示意图

(a) 穿门洞处（伸缩管）；(b) 穿墙处，伸缩管；(c) 穿墙处，门型管段

3.6.2　支管敷设

常见问题	剖析与修正
1. 铝塑给水管敷设在楼板结构层内	给水管道不得敷设在承重的结构层内。其理由，一是二者有不同使用寿命，一般结构梁、板、柱都是使用寿命大于 50 年，但给水管（含连接件）很难达到，水管破坏将影响结构安全；二是土建施工浇筑混凝土时可能损坏管道；三是管道使用中出了漏水等问题探测检修要破坏结构，很难实施。因此《建水规》3.5.18 条规定给水管"1. 不得直接敷设在建筑结构层内"。局部地方一定要这样做时，可采取管中管的做法，但只适用于小支管，其管材宜为聚丁烯（PB）等软管，且管段不长，发生事故时，能从套管中抽出来更换
2. 住宅单元入户管设在楼梯正中	入户支管不论明设、暗设均宜靠墙走，以便管道检修或更换时，尽量减少对室内装修的破坏和室内家具的布置。减少对使用者正常生活的影响，因此设计时尽量不要在楼梯间、厅、室居中布管
3. 户内支管暗埋在厅，室中间； 4. 垫层内不锈钢管未塑覆或说明连接方式； 5. DN32 的管暗设厚度仅为 100mm 的墙内	暗设在垫层、墙槽内的支管除前面已述及的当用薄壁不锈钢管时，应采用带塑料层的保护套，并且明确只能用焊接连接的要求外，还应注意垫层或墙的厚度是否满足暗设管的要求。 一般卫生间给水管采用暗设在垫层时，至少有两条管道交错布置，垫层最小厚度≥8cm，有的大卫生间，给水支管管径为 DN32，立管部分如嵌在墙槽内，墙槽深需≥50mm，如墙厚只有 100mm，等于将此墙断开，对结构承载有很大影响。因此，《建水规》的 3.5.18 条第三款规定："敷设在垫层或墙体管槽内的给水支管的外径不宜大于 25mm。"遇此情况，可将立管布置在小管井内或明装加外包暗装

3.6.3　防水套管设置

常见问题	剖析与修正
1. 窗井、水池用双防水套管	1. 设计需考虑设置防水套管的地方，《建水规》的 3.5.22 条作了如下规定： "3.5.22 给水管道穿越下列部位或接管时，应设置防水套管： 1. 穿越地下室或地下构筑物的外墙处； 2. 穿越屋面处；

常见问题	剖析与修正
	注：有可靠的防水措施时，可不设套管。 3. 穿越钢筋混凝土水池（箱）的壁板或底板连接管道时。" 本条为给水章节的条款，因为设防水套管的目的是为了防止室外地下水或水池内的水入渗到室内。因此，所有穿外墙、穿池壁的管均应设防水套管。 2. 带窗井的地下室，只需在窗井连接地下室一侧的墙上预留防水套管，如内外两侧都留防水套管，由于施工，安装的误差，两套管将错位，给穿越管安装带来极大困难，如图 3-20 所示： 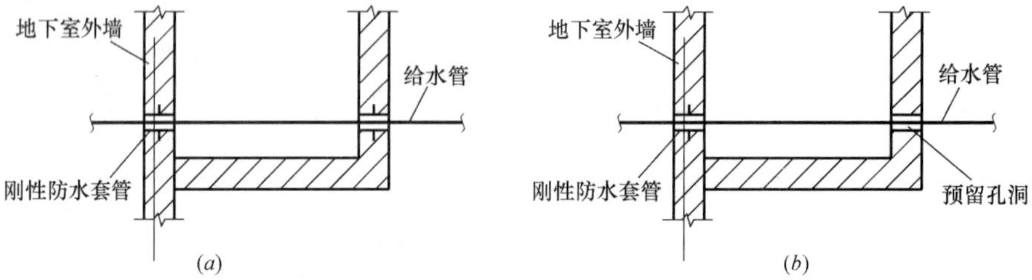 图 3-20 穿窗井管道的防水套管示意图 (a) 错误图示；(b) 正确图示 穿越水池壁的管道，当贴近池壁还有墙时，也只需在池壁上留防水套管，墙上只需留孔洞
2. 无地下室者也用防水套管	无地下室者，管道是穿越墙的基础，只需预留孔洞，不必留套管，因其不存在防水问题
3. 混淆刚性、柔性防水套管的用途	防水套管有刚性和柔性两种，后者用于水泵吸水管等运行时有振动，套管与穿过管外壁之间需填充柔性封闭材料，当密封材料松动出现漏水时，可及时填补堵漏。 由于柔性防水套管的制作安装等均比刚性防水套管复杂。因此，对于无振动的管道穿壁、墙时，可采用刚性防水套管

3.6.4 其他问题

常见问题	剖析与修正
1. 超高层建筑立管未加伸缩节	《建水规》3.5.16 条规定"给水管道的伸缩补偿装置，应按直线长度、管材的线胀系数、环境温度和管内水温的变化、管道节点的允许位移量等因素经计算确定。应利用管道自身的折角补偿温度变形"。给水管内水温一般均较低，且变化不大，因此当采用金属管道时，因其线膨胀系数较小，当管道直线长度不很长时，可不采取防伸缩措施；但超高层建筑的给水立管，直线长度≥100m，管道伸缩量较大，且超高层建筑还有竖向因风荷载引起的摇摆晃动，因此一般宜按直线长度 $L=50$m 设一个伸缩节，这样一可补偿管道的伸缩量，二可防止管道晃动引起的损坏。 当干、立管采用塑料给水管时，由于其线膨胀系数约为金属管道的 7~10 倍，伸缩量大，须经计算采取相应的补偿措施，具体做法详见国标图集《建筑给水塑料管道安装》11S405-1~4
2. 幼儿园卫生器具按普通卫生间布管	幼儿园的卫生间内卫生器具的布管应适应幼儿的要求，即相应水嘴、阀件等的布管高度均比一般卫生间布管低，具体做法详见国标图集《卫生设备安装》09S304 中有关幼儿部分的图册

3.7 给水水质处理、游泳池设计等

3.7.1 给水水质处理

常见问题	剖析与修正
给水水质要求深度处理，但未提原水水质，要求处理后水质指标，处理流程，及对处理设备的性能，材质要求等内容	国内一些由高端酒店管理公司管理的高级宾馆设计中，要求对引入的市政给水作净化和软化等深度处理。这部分设计工作可由一次设计一起完成，也可以部分或全部交由二次设计完成。当采用后者初步设计时，应满足住房和城乡建设部《深度要求》3.7.2 条 6 款中"6）对水质、水温、水压有特殊要求或设置饮用净水、开水系统者，应说明采用的特殊技术措施，并列出设计数据及工艺流程，设备选型等"的要求；施工图阶段应满足《深度要求》的 4.6.18 条 1 款中"8）对气体灭火系统、压力（虹吸）流排水系统、游泳池循环系统、水处理系统、厨房、洗衣房等专项设计，需要再次深化设计时，应在平面图上注明位置，预留孔洞，设备与管道接口位置及技术参数"的要求。 据此，设计应表达如下内容（以软水处理为例）： 1）原水（即市政给水）的，硬度（以碳酸钙计）等水质指标，处理水量（部分处理或全部处理）； 2）要求处理达到的、硬度指标； 3）拟采用处理流程、日处理运行时间。 4）主要处理设备的技术参数和技术性能要求，如软水处理设备，宜选用专用的软水器，即经其软化处理后的水中硬度为生活用水所需的硬度（以碳酸钙计）（一般为：洗衣房用水：50～100mg/L，其他用水：75～150mg/L）。 当选用通用钠离子交换器时，因其出水硬度一般接近于 0，如直接使用，则处理后水质太软，不符合使用要求，且成本很高。因此应另设混合水箱（池）以满足使用要求。 另外软水器运行中用盐再生、反洗、正洗等工序，设计设备间时应为其留有相应的条件。 另外过滤器软水器均有阻力，也是系统设计中需注意的地方。 设计软水处理时可参见《建筑给排水设计手册》第二版"建筑热水"章节。 5）预留好软水处理构筑物及设备机房的位置，预留好连接管道

3.7.2 游泳池设计中的错，漏项

常见问题	剖析与修正
1. 成人池儿童池未分设系统	《建水规》的 3.9.6：条规定"不同使用功能的游泳池应分别设置各自独立的循环系统，水上游乐池循环水系统应根据水质、水温、水压和使用功能等因素，设计成一个或若干个独立的循环系统。" 根据此条的要求，成人用游泳池和儿童池应分设处理系统。因为成人与儿童为不同的使用对象，其使用过程中，水质污染程度不同。因此，池水循环周期，对于公共游泳池：成人池为 4～6h，儿童池为 1～2h。对于水上游乐池：成人池 4h，儿童池＜1h。另外二者要求的池水水温也不一样，幼儿池一般要求的池水水温比成人池高 2℃左右

常见问题	剖析与修正
2. 无循环流量、水质指标、耗热量等参数	建筑或小区内附设的游泳池一般均采用二次设计，由中标公司进行深化设计。但给水排水设计阶段应参照上述《深度要求》初步设计和施工图设计有关条款的要求编写设计文件，并包含下列内容： 1) 泳池类别、用途、平面尺寸、总水容积。 2) 采用水处理的流程、水质标准。 3) 选用过滤、消毒等的主处理设备形式及其滤速，消毒剂量等主要设计参数。 4) 池水耗热量、热源、加热方式。 5) 水质检测及系统控制要求。 6) 预留好机房位置，预留好连接管路
3. 以污水为水源的中水处理采用埋地式一元化处理装置或将处理构筑物放在室内	《建筑中水设计规范》GB 50336—2002对中水处理站的设置作了如下规定： "7.0.1 中水处理站位置应根据建筑的总体规划、中水原水的产生、中水用水的位置、环境卫生和管理维护要求等因素确定。以生活污水为原水的地面处理站与公共建筑和住宅的距离不宜小于15m，建筑物内的中水处理站宜设在建筑物最底层，建筑群（组团）的中水处理站宜设在其中心建筑的地下室或裙房内，小区中水处理站按规划要求独立设置，处理构筑物宜为地下式或封闭式。" "7.0.7 处理站应设有适应处理工艺要求的采暖、通风、换气、照明、给水、排水设施。" "7.0.9 对中水处理中产生的臭气应采取有效的除臭措施。" 上述7.0.1条中对以污水为原水的中水处理站明确设应优先考虑设在室外，并离建筑物距离不宜小于15m。因为中水处理站内需设原水调节池，以污水为原水的调节池，类同化粪池，因此放在室内将严重污染室内环境。对此《建水规》也有类似的要求。 以生活废水为原水的中水处理站，放在室内时，也需将站室布置在最底层靠边角处，建筑应做双门处理，通风需保证每小时换气次数≥8次，以保证处理站散发的气体污染对室内环境的影响减到最小。 埋地式一元化污水处理装置是20世纪70年代国内引进的技术，由于中水处理为保证出水水质需有严格的操作，维护、管理和监测的措施和制度，这对于一般建筑的物业管理或工程管理很难做到。据了解，现有建筑室内的单体中水处理站真正运行正常能保证出水水质者甚微，如采用埋地处理装置将更难保证处理效果。 另外，设计中水处理时，宜建议建设方中水处理由中水处理公司负责监管，以保证中水处理的出水水质

4 热　水

4.1　集中热水供应系统的供水与循环系统

4.1.1　小区多栋住宅共用集中热水供应系统

常见问题	剖析与修正
1. 无总系统图； 2. 分循环泵 Q、H 不同，泵型不一； 3. 总循环泵与分循环泵联动	如本书中 1.2.1 所示，多栋建筑共用集中热水供应系统时，如没有一个总系统图统一规划设计，会出现单栋建筑分系统与总系统脱节、很难保证系统中各栋建筑分系统的循环效果。设计时可参考图 4-1。 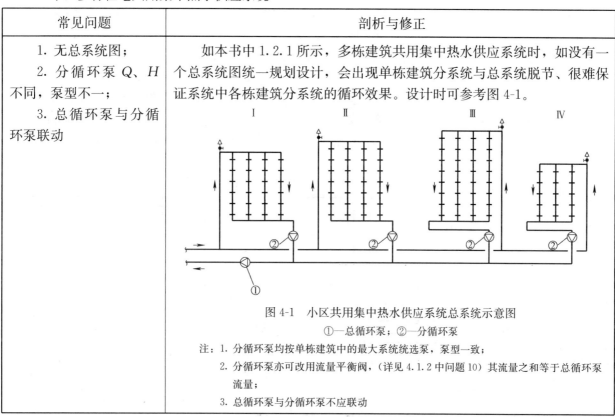 图 4-1　小区共用集中热水供应系统总系统示意图 ①—总循环泵；②—分循环泵 注：1. 分循环泵均按单栋建筑中的最大系统选泵，泵型一致； 　　2. 分循环泵亦可改用流量平衡阀，（详见 4.1.2 中问题 10）其流量之和等于总循环泵流量； 　　3. 总循环泵与分循环泵不应联动

4.1.2　循环系统设计中存在的问题

常见问题	剖析与修正
1. 不同程布管，又无其他保证循环效果的措施	立管等长的单栋建筑循环系统图式如图 4-2 所示。 图 4-2　立管等长的单栋建筑循环系统图示 （a）错误图示；（b）正确图示；（c）正确图示 1）图 4-2（a）系统，将造成短路循环，远离供水总立管的供水立管难以循环，打开水嘴将长时间出冷水。

常见问题	剖析与修正
	2）图 4-2 (b) 回水干管往返布管，能保证各立管供、回水同程，即可保证各立管内的水循环，放水时大大缩短出热水的时间。此系统为同程布管系统。 3）当供水立管等长，或基本等长时，亦可在回水立管与回水干管交汇处设导流三通保证各立管的循环效果，如图 4-2 (c) 所示
2. 同程布管存在的问题 1）同一系统供给不同使用部门的回水分干管连接处无措施保证二者的循环效果。 2）非等长立管按同程干、立管布置，实际不同程。 3）同程布置供、回水干管 DN 配置不合理	同程布管系统的错误与正确图式（图 4-3） 1）同一系统供多个部门用热水时，各部门回水管交汇处宜设流量平衡阀，如图 4-3 (d) 所示控制与分配循环流量，各流量平衡阀循环流量之和等于系统循环泵流量。 2）立管不等长系统，如采用图 4-3 (b)，系统并不同程，宜按图 4-3 (e) 所示，在各回水立管上设温度控制循环阀，管道异程布置。系统通过设定温度下各温控循环阀的启、闭顺序循环，可保证系统的循环效果。 3）同程布管之目的使各配水点相应供回水管段的阻力相同或相近。因此图 4-3 (c) 所示，供回水干管变径不利各配水点供回水阻力相似，宜按图 4-3 (f) 所示，供、回水干管分别不变径 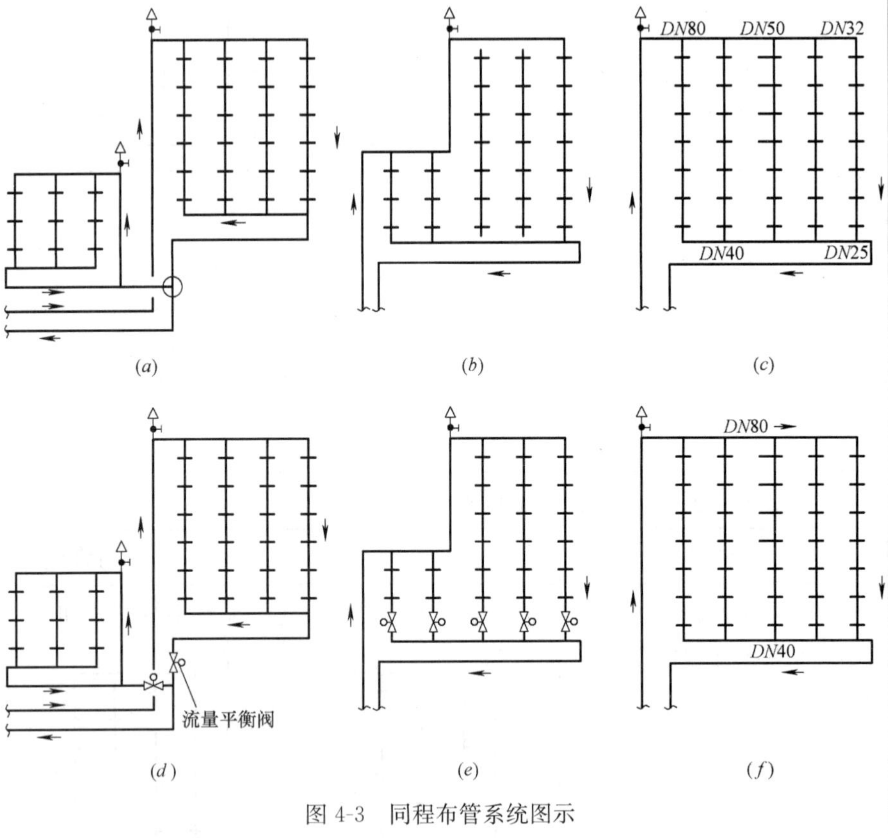 图 4-3 同程布管系统图示 (a) 错误图示；(b) 错误图示；(c) 错误图示；(d) 正确图示；(e) 正确图示；(f) 正确图示
3. 两供水分区共用水加热器，用立管减压	供水分区共用水加热器的系统如图 4-4 所示： 1.《建水规》5.2.13 条第 1 款 "1. 应与给水系统的分区一致，各区水加热器、贮水罐的进水均应由同区的给水系统专管供应；当不能满足时，应采取保证系统冷、热水压力平衡的措施"。第 2 款 "2. 当采用减压阀分区时，除应满足本规范第 3.4.10 条的要求外，尚应保证各分区热水的循环"。

常见问题	剖析与修正
	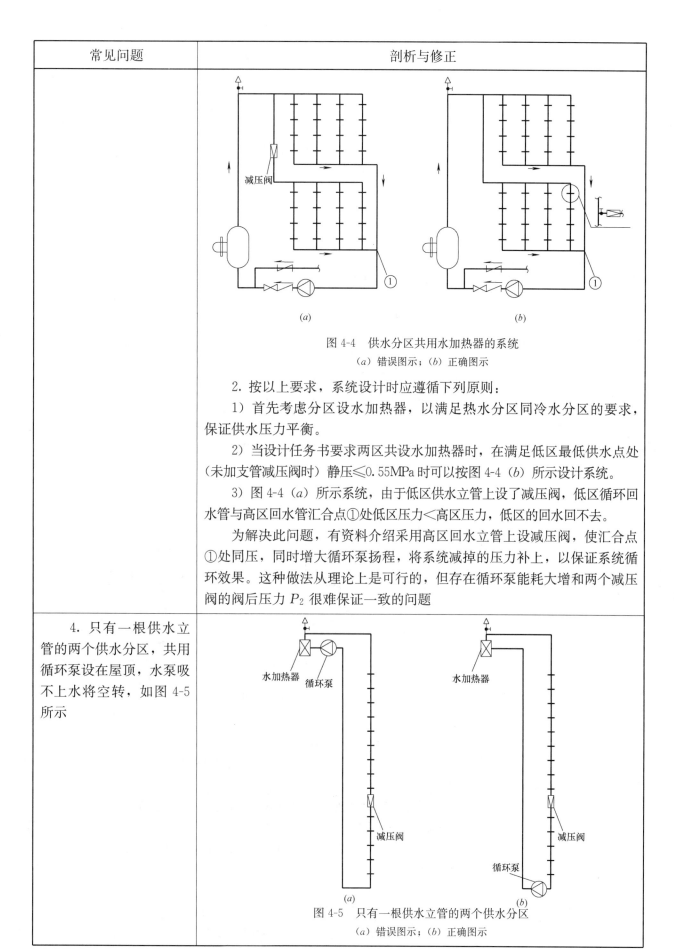

图 4-4　供水分区共用水加热器的系统
(a) 错误图示；(b) 正确图示

2. 按以上要求，系统设计时应遵循下列原则：

1) 首先考虑分区设水加热器，以满足热水分区同冷水分区的要求，保证供水压力平衡。

2) 当设计任务书要求两区共设水加热器时，在满足低区最低供水点处（未加支管减压阀时）静压≤0.55MPa 时可以按图 4-4 (b) 所示设计系统。

3) 图 4-4 (a) 所示系统，由于低区供水立管上设了减压阀，低区循环回水管与高区回水管汇合点①处低区压力<高区压力，低区的回水回不去。

为解决此问题，有资料介绍采用高区回水立管上设减压阀，使汇合点①处同压，同时增大循环泵扬程，将系统减掉的压力补上，以保证系统循环效果。这种做法从理论上是可行的，但存在循环泵能耗大增和两个减压阀的阀后压力 P_2 很难保证一致的问题

4. 只有一根供水立管的两个供水分区，共用循环泵设在屋顶，水泵吸不上水将空转，如图 4-5 所示

图 4-5　只有一根供水立管的两个供水分区
(a) 错误图示；(b) 正确图示

常见问题	剖析与修正
	图4-5系统为图4-4（a）的特例，因为只有一条供水立管，系统小，如分区设水加热器，相对系统复杂，一次投资高。可采用如图4-5的系统，循环泵将减压阀减掉的压力补上去由于只有一个减压阀，不存在减压不平衡问题，可保证循环效果。但水泵应放在低区，如图4-5（b）所示，如按图4-5（a）布置因泵前经减压阀减压后的水压为负值。水泵运行时将吸不上水
5. 热水支管循环问题 1）旅馆采用支管循环，支管长度不一或支管管径不一如图4-6所示。 2）住宅设支管循环，前后两水表计量误差难解决，如图4-7所示。 3）住宅内支管长 $L=20\sim40\text{m}$ 不采取任何保证及时出热水的措施	1. 旅馆采用支管循环的图示见图4-6： 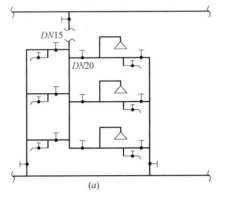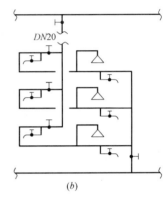 图4-6 旅馆采用的支管循环 （a）错误图示；（b）正确图示 2. 住宅采用支管循环的图示见图4-7： 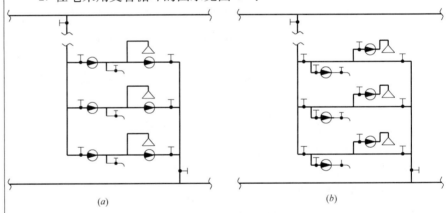 图4-7 住宅采用的支管循环 （a）不宜用图示；（b）建议图示 3. 图4-6（a）所示错误： 1）两支管不等长，且管径不同，热水循环时，通过两支管阻力不同，难保证循环效果； 2）增加一条回水支管，使已很复杂的支管循环系统更为复杂，循环效果更难保证； 3）解决以上问题的措施如图4-7（b）所示，即共用支管、回水立管使系统简化。 4. 图4-7的剖析： 1）图4-7（a）所示虽然系统无错，但在已使用支管循环的居住建筑中由于支管两端水表计量误差引起的纠纷和投诉多次发生，而水表的国家

常见问题	剖析与修正
	产品标准又允许有≤2%~5%的计量误差，因此设计不宜采用这种图示。 　　2）图 4-7（*b*）为解决双水表问题的折中图示。即各卫生间分设水表，水表后的支管段很短可不设回水管，但这对于水表需集中设置在户外的住宅不能采用，可改用支管自调控电伴热措施。 　　5. 正在全面修编的《建水规》对设置支管循环的原则是：一是尽量不采用，尤其是住宅建筑不宜采用。二是对支管较长，如有的大户型住宅，热水支管长达 20~40m，难以满足"配水点≥45℃的时间：居住建筑不宜大于 15s，公共建筑不宜大于 10s"的要求时，宜先考虑支管自调控电伴热措施。 　　不推荐采用支管循环的理由如下： 　　1）循环效果很难保证 　　集中热水供应系统是建筑给排水系统设计中的难点之一，而循环系统则是集中热水供应系统设计的难点。设计需根据各种复杂的热水供、回水管道布置情况采取同程布管，异程布管设导流三通、温控循环阀、流量平衡阀、分循环泵、大阻力管段等多种措施方可保证热水干、立管的循环效果。而支管循环，比干立管循环要复杂得多，需要处理干、立、支管交汇点的阻力平衡点要比干、立管点多数十倍，因此循环效果很难保证。 　　2）循环泵能耗成倍增加 　　集中热水供应系统中的支管总长远大于干、立管，虽其管径小，但一般入户支管均不作保温，热损耗大。一般工程支管累计散热量均可能大于干、立管散热量，而且支管管径小，阻力也大，因而循环泵的流量和扬程均需成倍增加，能耗更要翻倍。 　　3）布管困难，安装困难，管材耗量大增。 　　4）居住建筑为设支管循环由双表计量误差引起的矛盾难以解决
6. 循环回水管汇合处布置不当	供给不同使用部门的热水回水管交汇处布置如图 4-8 所示： 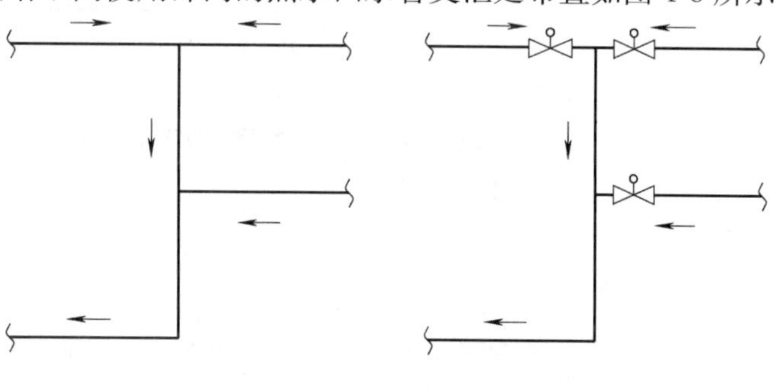 　　　　　（*a*）　　　　　　　　　　（*b*） 图 4-8　供给不同使用部门的热水回水管交汇处布置示意 （*a*）错误图示；（*b*）正确图示 　　1）图 4-8（*a*）错误之处：回水管上未设任何调节阀件，不能保证各回水分管的循环效果。 　　2）图 4-8（*b*）表示在交汇处各回水分管均设流量平衡阀，按图 4.3（*d*）处理。对于小型热水系统，也可采取在分回水管上设调节阀门的措施

常见问题	剖析与修正
7. 定时供应热水的集中热水供应系统循环泵采用温度控制启停	定时供应热水的集中热水供应系统是一天或几天集中供应热水一次，一次几个小时。这种系统一般用于公共浴室、学校浴室或卫生间。 定时供应热水系统的循环泵只需在供水前运行，将整个循环管网内的水换热，以保证用水时即出热水。而在不供热水时，循环泵不需运行。对于定时供热水系统循环泵可按《建水规》5.5.6条选择，即循环泵的流量可按循环管网（不含水加热器）容积的2～4倍计算。循环泵一般为手动控制或定时自动控制，而不应采用温度传感器控制
8. 热水供水60℃，循环泵的启、闭温度为55℃、60℃	热水供水系统的供水温度为水加热设备的出水温度，而循环泵设在热水循环管网的末端，热水通过整个管网，由于管网存在热损失，循环到末端，一般有5～10℃的温差，也就是在供水温度为60℃时，循环泵处回水温度约为50～55℃，如将泵前温度传感器的控制温度定到55℃启泵、60℃停泵，则循环泵即便不间断运行也满足不了要求，且运行能耗增大，水泵运行寿命缩短。实际工程中为减少循环泵的能耗，可控制循环泵45℃左右启、50℃左右停
9. 医院集中热水系统采用分层水平环管，热水需分层（分科室）计量水量，回水管漏装水表	集中热水供应系统凡需计量热水用水量者均应在供水、回水管上分装水表，用供水水表计量的用水、回水总水量减去回水水表计量的回水水量作为用水量值，如同住宅采用支管循环系统时支管上设双水表一个道理
10. 循环泵选型过大	《建水规》对热水循环泵的选择条款为"5.5.5 全日热水供应系统的热水循环流量应按下式计算 $$q_x = \frac{Q_s}{C\rho_r\Delta t} \tag{5.5.5}$$ q_x——全日供应热水的循环流量（L/h）； Q_s——配水管道的热损失（kJ/h），经计算确定，可按单体建筑：(3%～5%)Q_h；小区：(4%～6%)Q_h； Δt——配水管道的热水温度差（℃），按系统大小确定。可按单体建筑5～10℃；小区：6～12℃"。 按此条计算一般推荐循环泵的流量q_{xh}为0.25～0.30倍设计小时用热水量q_{rh}，即 $$q_{xh} = (0.25～0.30)q_{rh}$$ 2014～2015年《建水规》编制组主编"热水部分"章节成员对用于集中热水循环系统的管件、阀件通过中型试验系统进行测试，并对测试结果进行了研究分析，得出了如下结论：热水循环系统的循环流量与系统所采取的保证循环效果的措施有密切关系，推荐不同措施的循环流量选择参数如下： 1）采用温控循环阀、流量平衡阀等具有自控和调节功能的阀件作循环元件时，$q_{xh}=0.15q_{rh}$。 2）采用同程布管系统、设导流三通的异程布管系统，$q_{xh}=0.15～0.20q_{rh}$。 3）采用大阻力短管的异程布管系统，$q_{xh}\geqslant0.3q_{rh}$。

常见问题	剖析与修正
	4）供给两个或多个使用部门的单栋建筑集中热水供应系统、小区集中热水供应系统 q_x 的选值： （1）各部门或单栋建筑热水子系统的回水分干管上设温控平衡阀、流量平衡阀时，相应子系统的 $q_{xh}'=0.15q_{rh}'$，母系统总回水干管上的总循环泵 $q_{xh}=\sum q_{rh}'$（q_{xh}'——子系统的循环流量，q_{rh}'——子系统的设计小时热水量）。 （2）子系统的回水分干管上设小循环泵时，其水泵流量均按子系统的 q_{rh}' 的最大值选用，各小泵同一型号。总循环泵的 q_{xh} 按母系统的 q_{rh} 选择，即 $q_{xh}=0.15q_{rh}$ 设计中循环泵流量的选择往往有过大的现象，这样在运行中造成的结果：一是耗能，二是将影响配水点处冷热水压力的平衡

4.1.3 热水供水系统存在的问题

常见问题	剖析与修正
1. 热水分区过大，且与冷水分区不一致	《建水规》对于冷、热水系统分区的条款如下： "3.3.5 高层建筑生活给水系统应竖向分区，竖向分区压力应符合下列要求：1. 各分区最低卫生器具配水点处的静水压不宜大于 0.45MPa；2. 静水压大于 0.35MPa 的入户管（或配水横管），宜设减压或调压设施；3. 各分区最不利配水点的水压，应满足用水水压要求。" "3.3.5A 居住建筑入户管给水压力不应大于 0.35MPa。" 5.2.13 条第 1 款规定："应与给水系统的分区一致，各区水加热器、贮水罐的进水均应由同区的给水系统专管供应；当不能满足时，应采取保证系统冷、热水压力平衡的措施。" 上述规范条款已明确了热水系统分区的原则。高层建筑尤其是高层居住建筑，分区过多热水循环管道很难布置，且分区分设的水加热设备也增多，因此，有的设计热水系统设计分区未按《建水规》执行，扩大分区供水层数，有的甚至最低配水点处供水压力＞0.6MPa，不满足"卫生器具给水配件承受的最大工作压力，不得大于 0.6MPa"的要求。 为了避免高层建筑热水系统分区过多，系统复杂设计困难的问题，新编《建水规》送审稿已将设有集中热水供应系统的建筑，分区供水静压放宽到 0.55MPa。 另外当热水分区难以和冷水分区完全一致时应通过合理设置支管减压阀等措施，达到分区内配水点处冷热水压力平衡之目的
2. 用支管减压阀代替分区减压	热水系统分区设计的另一个误区是在入户支管上设减压阀代替分区减压。 以上《建水规》的 3.3.5 条对于设置分区减压阀与支管减压阀的条件已很清楚，即当最低卫生器具配水点处静压＞0.45MPa 时应设分区减压阀组分区，由于分区减压阀组一般为两组，且位于公共区易维修处，阀组工作保证率高，而支管减压阀一般位于户内，故障时难以发现，维修很难及时，易造成静压过高处卫生设备或用水配件的损坏。因此，不能用支管减压代替分区减压

常见问题	剖析与修正
3. 办公楼仅设洗手盆，设计集中热水供应系统	一些高级办公楼等公共建筑，为了体现其高档次，卫生间洗手盆要求采用集中热水供应系统供应热水，其存在的问题是： 1）一般洗手均只有10s左右，而一般干、立管循环系统，保证配水点出水时间也在10s左右，即洗完手后或临近洗完手时，配水龙头才出热水，达不到使用目的。 2）系统用热水量小，但为此配套的供、回水循环管网复杂，管道长而多，日热损耗量有可能大于日供热量，能耗损失太大。 3）合理解决的办法是，各洗手盆处设小型快速电热水器，连接管很短，能保证打开水龙头5s以内出热水
4. 冷热水管布置不一，如前者采用上行下给配管，后者采用下行上给配管	设计布管时，宜尽量使冷热水同一布置方式，且宜尽量采用上行下给配管方式，其理由： 1）冷热水系统虽然分区一致，但如二者配水管供水方向不一，也会产生供水压力的不平衡。 2）上行下给配管符合供水压力的合理分配，即立管自上而下，管径由大到小，管径大的上部恰是供水压力小的部位，反之亦然。而下行上给配管，立管自下而上，管径大的下部压力高，管径小的上部压力低，违背了供水压力的合理分配使用。 3）热水循环系统采用上行下给配管，供、回水共用立管，而下行上给配管需单设回水立管
5. 供水加热器的冷水管分支供其他用水	《建水规》5.2.13中第1款规定：“各区水加热器、贮热水罐的进水均应由相应分区的给水系统专管供应”，条文中“专管”指的是此管不能再分支供其他用水，否则将引起热水系统的压力波动，造成用水不舒适，水压波动，水温波动，甚至引起烫伤人的事故
6. 公共淋浴室存在供水管未成环、环管上接其他用水、环管变径、循环管设置错误等问题	1. 公共浴室热水管布管的错误图示与正确图示见表4-1：

公共浴室热水布管图示表　　表4-1

错误图示	正确图示
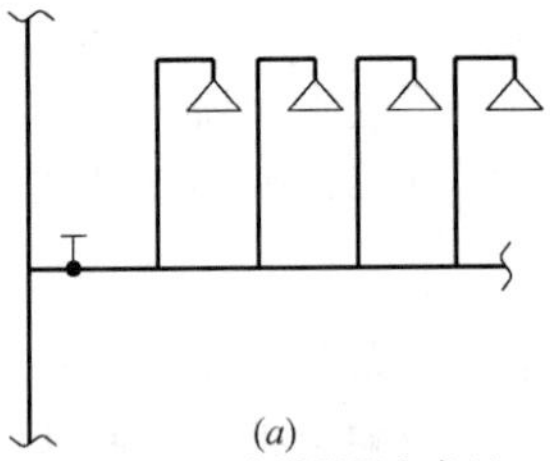 (*a*) ≥3个淋浴器未成环	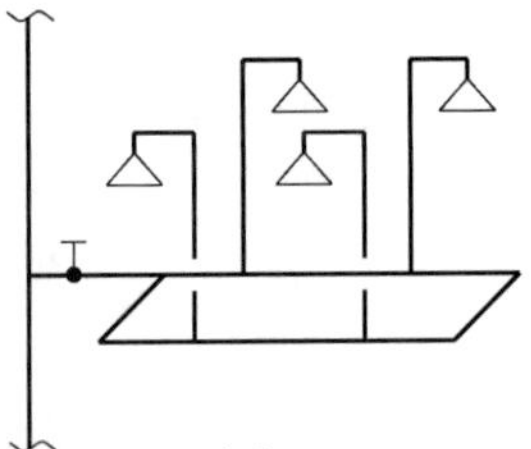 (*a′*)
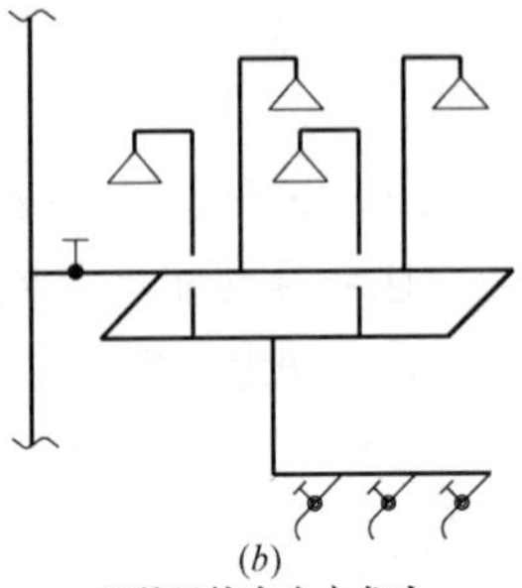 (*b*) 环管另接多个水龙头	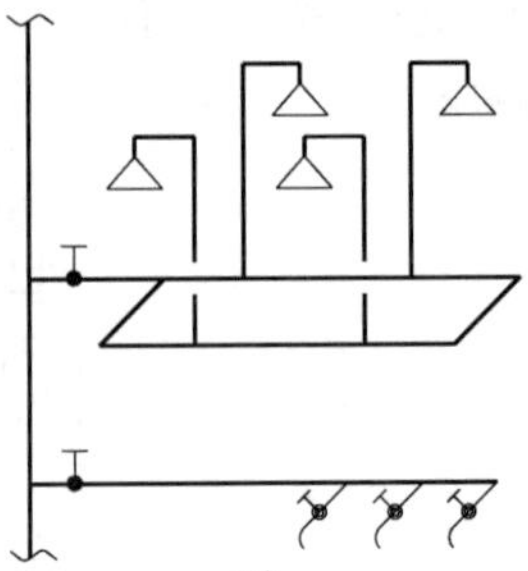 (*b′*)

常见问题	剖析与修正

续表

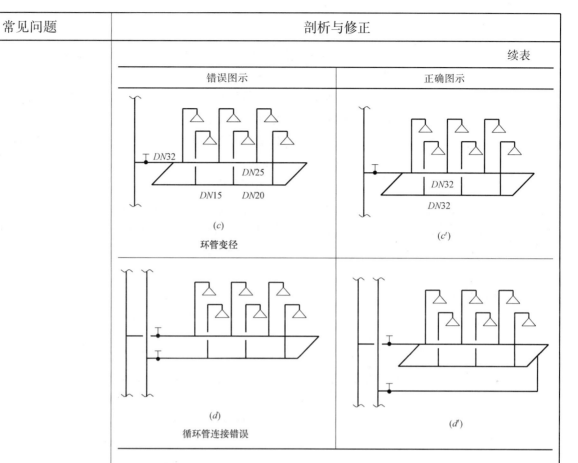

错误图示	正确图示
(c) 环管变径	(c')
(d) 循环管连接错误	(d')

2. 剖析：

《建水规》5.2.16条文规定："公共浴室淋浴器出水水温应稳定，并宜采取下列措施：

1 采用开式热水供应系统；

2 给水额定流量较大的用水设备的管道，应与淋浴配水管道分开；

3 多于3个淋浴器的配水管道，宜布置成环形；

4 成组淋浴器的配水管的沿程水头损失，当淋浴器少于或等于6个时，可采用每米不大于300Pa；当淋浴器多于6个时，可采用每米不大于350Pa。配水管不宜变径，且其最小管径不得小于25mm；

5 工业企业生活间和学校的淋浴室，宜采用单管热水供应系统。单管热水供应系统应采取保证热水水温稳定的技术措施。

注：公共浴室不宜采用公用浴池沐浴的方式；当必须采用时，则应设循环水处理系统及消毒设备。"

1）表4-1中（a）所示违背了5.2.16条的第3款：环形供水是保证各淋浴器处出水压力稳定与平衡，节水，使用舒适的重要措施。

2）表4-1中（b）所示违背了5.2.16条的第2款：环形管上另接多个用水点，影响环管内水压的稳定，即影响各淋浴器供水的稳定。

3）表4-1中（c）所示违背了5.2.16条的第4款：设环管的目的如上所述，如环管变径，各管段阻力不一，难以起到环形供水的作用，各淋浴器的出水压力将有明显差别，供水不稳定，用水不舒适。

4）表4-1中（d）所示，实际未成环。

常见问题	剖析与修正
	5）关于公共浴室的热水管是否设回水管，《建水规》未作明确规定，设计可参照如下原则掌握： （1）多于 3 个淋浴器且供水支管从干、立管引出至第一个淋浴器的管段长度 $L>15m$ 时宜设回水支管。 （2）由于公共浴室大多为定时使用，为减少供、回水支管的热损耗，应在供、回水支管加阀门通过手动控制，在使用时段开启，如需计量，还应在供、回水支管两端设水表
7. 低区水加热器市政给水补水管上设倒流防止器存在的问题：1）不设；2）重设；3）错设；4）未考虑冷热水压力的平衡	《建水规》3.2.5 条第 3 款规定："利用城镇给水管网水压且小区引入管无防回流设施时，向商用的锅炉、热水机组、水加热器、气压水罐等有压容器或密闭容器注水的进水管上应设倒流防止器。" 设计执行此条时出现下列错误： 1）符合上述条款条件者未设倒流防止器，以止回阀代替。止回阀虽然有防止倒流之作用，但其严密度、防倒流等级达不到倒流防止器的要求。 2）上述条款规定是在小区或单栋建筑引入管上无倒流防止器时，则由市政管直接补水的水加热器，其补水管上应设倒流防止器，如引入管上已设了倒流防止器，则水加热补水管上只需装止回阀。不应重设倒流防止器，否则低区可利用的市政供水压力将大打折扣，不利于节能。 3）采用二次供水补水的高区、中区水加热器的冷水补水管只需按《建水规》3.4.7 条第 2 款之要求，"密闭的水加热器或用水设备的进水管上"设止回阀。如设倒流防止器，则使高、中区冷热水压力不平衡，影响用水的安全与舒适。 4）低区水加热器由市政管供水的补水管上设倒流防止器后，该区热水供水压力损失增加了 2～4m，即比相应该区的冷水系统压力又低了 2～4m，使该区冷、热水压力供水压力不平衡、不稳定。解决的办法是该区冷、热水供应均通过倒流防止器后接管供水
8. 医院手术室热水供应系统控温、稳压无措施	医院手术室要求热水供应：水温恒定、水压稳定，下述措施可供参考： 1）采用冷热水混水阀，根据医疗工艺提出的水温要求设定热水供水水温，单管供水至用水点。 目前冷、热水混水阀又称恒温混合阀，以进口如德国、意大利企业产品居多，经实测，实际出水温度与设定温度的误差 $\leq\pm3℃$。 根据《综合医院建筑设计规范》GB 51039—2014 的 6.4.8 条，"打开用水开关后宜在 5～10s 内出热水"的规定，当混水阀至配水点的支管长度 $L\geq10m$ 时，可对支管采取自调控电伴热的措施，控温与混水阀设定温度一致，这样可以保证打开水嘴即可出所需温度的热水。 2）供水压力的稳压可采取如下措施： （1）从干管上引出专管供水，即此管不连接其他用水。 （2）对恒温、稳压要求高者宜设高位恒温热水箱供水。 （3）供水支管设减压稳压阀，保证阀后工作压力 P_2 值恒定

常见问题	剖析与修正
9. 医院设恒温水箱，但为单水箱直补冷水	恒温水箱设置的图示如图 4-9 所示： 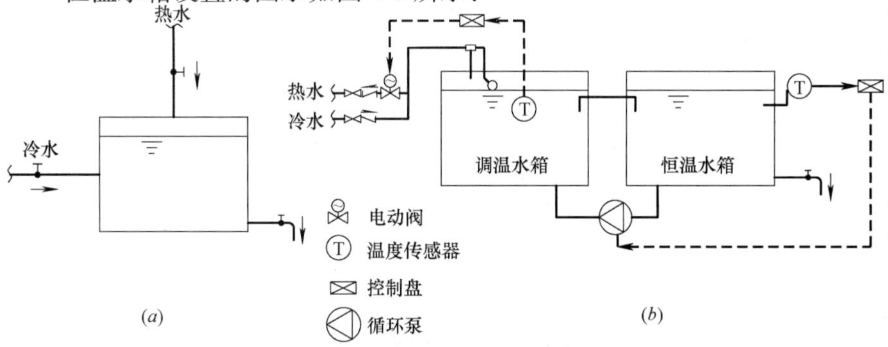 图 4-9 恒温水箱设置示意 (a) 错误图示；(b) 正确图示 图 4-9 (a)：错误在于同一水箱补进冷水和热水，而无任何保证水箱内水恒温的措施，水箱内水温无法恒温。 图 4-9 (b)：设双水箱，前者为调温水箱，通过设温度传感器传递信号至控制盘控制电动阀的开启度，使调温水箱内水温趋于恒定，调温水箱上部设与恒温水箱的连通管，补充后者恒温水，恒温水箱内设温度传感器，当温度下降时，通过控制盘开启循环泵补热，达到温度后停泵

4.2 水加热设备、加热间

4.2.1 水加热设备的选择

常见问题	剖析与修正
1. 缺参数或参数不全； 2. 系统分区、未按分区分别标出水加热器的供热量等参数	1. 水加热器是热水供应系统的核心，它是保证全系统水量、水质、水压、水温的关键设备。因此设计时，应在系统设计、计算完成之后提出准确的设计参数，使经招、投标后企业提供的水加热设备能满足设计要求，保证使用效果。 设计水加热器的参数以半容积式水加热器为例示例如下： 1）热媒部分 （1）热媒种类及其压力： ①饱和蒸汽及相对压力； ②过热蒸汽及相对压力； ③热媒水及工作压力。 （2）热媒温度 ①热媒初温 T_{mc}； ②热媒终温 T_{mz}。 2）被加热水部分 （1）设计小时供热量 Q_g； （2）被加热水初温 t_c 和终温 t_z。 3）罐体部分 （1）罐体直径、高度（设计换热间用）； （2）有效贮水容积；

常见问题	剖析与修正
	（3）壳程（被加热水）、管程（热媒）设计压力； （4）罐体及换热管束材质； （5）要求配套提供自力温控阀等附件。 注：上述参数的标注可参见本书表1-10 2. 高层建筑的集中热水供应系统，一般均为分区设置水加热设备与循环管道。因此，选用水加热设备时应分区按上述内容提出设计参数，否则无法为工程招、投标提供准确的依据
3. 医院集中热水供应系统选用传统容积式水加热器	《建水规》5.4.3条规定："医院建筑不得采用有滞水区的容积式水加热器。"规范制订此条是因为医院是各种致病菌滋生繁殖最适宜的地方，带有滞水区的容积式水加热器，其滞水区水温一般为30℃左右，是细菌繁殖生长最适宜的环境，20世纪80年代国外就有从这种带滞水区的容积式水加热器中检测出军团菌等致人体生命危险的病菌报导，国内近年来亦有医院集中热水供应系统中检测出军团菌的报告，它与水加热设备存在滞水区密切相关。 传统的容积式水加热器如图4-10所示，它是20世纪80年代以前制备生活热水的主流产品，其主要缺点是换热效果差，热工性能差，换热不充分，能耗大，容积利用率低，并且存在冷、温水滞水区。因此，它不适宜用作医院等建筑的热水系统。由于传统容积式水加热器是一种低效、耗能又存在滞水区的过时产品，所以正在修编的《建水规》及国家标准图中已将其删除淘汰。 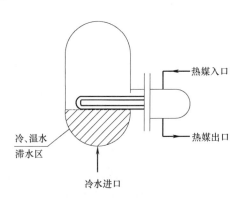 图4-10 传统的容积式水加热器示意图 近年来国内研发的水加热器产品主要有RV型导流型容积式水加热器，HRV型半容积式水加热器，浮动盘管导流型容积式水加热器，浮动盘管半容积式水加热器及浮动盘管半即热式水加热器。其中，以波节管为换热元件的HRV半容积式水加热器具有换热性能好，供水水温平稳且无冷、温水滞水区，是目前国内首推的产品，尤其适用于医院等建筑的热水系统。其构造原理如图4-11所示。 图4-11中（a）、（b）为英国里克罗夫特公司20世纪后期推广应用的半容积式水加热器，其特点是水加热部分与贮热部分完全隔开，借助内循环泵来达到贮热水罐内的循环，保证罐内无冷、温水滞水区全部贮存热水。

常见问题	剖析与修正
	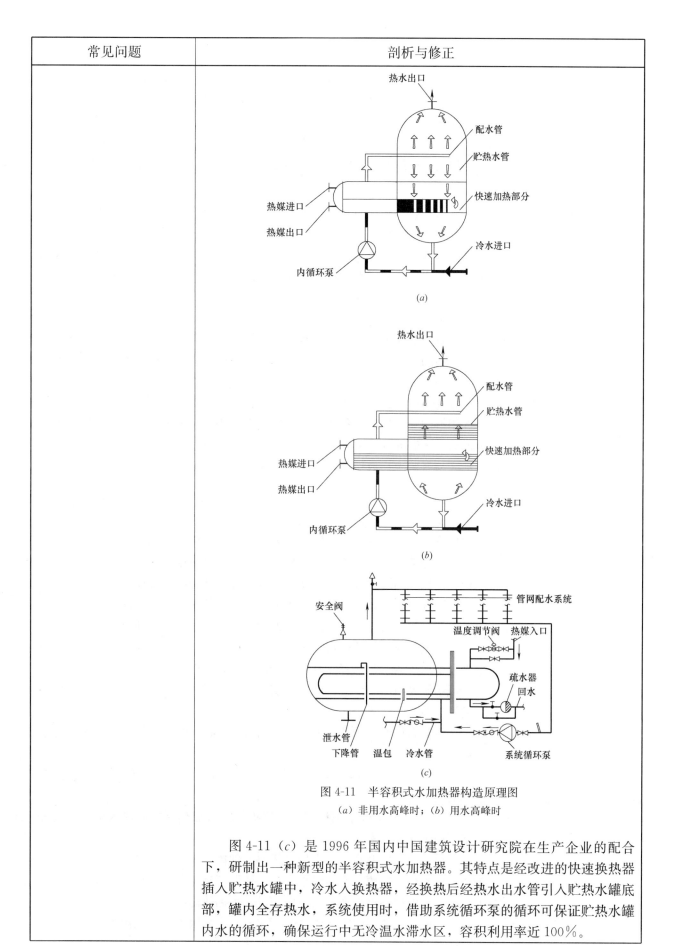 图 4-11 半容积式水加热器构造原理图 （a）非用水高峰时；（b）用水高峰时 图 4-11（c）是 1996 年国内中国建筑设计研究院在生产企业的配合下，研制出一种新型的半容积式水加热器。其特点是经改进的快速换热器插入贮热水罐中，冷水入换热器，经换热后经热水出水管引入贮热水罐底部，罐内全存热水，系统使用时，借助系统循环泵的循环可保证贮热水罐内水的循环，确保运行中无冷温水滞水区，容积利用率近 100%。

常见问题	剖析与修正
	波节管是 20 世纪末国内研发的一种新型高效换热元件，经热工性能测试，在相似换热工况下，其主要热工性能参数传热系数 K 要比以光面管为换热元件时提高约 1 倍。 HRV/BHRV 系列半容积式水加热器已编入国家行业标准《导流型容积式水加热器和半容积式水加热器》CJ/T 163—2015；并于 2002 年及 2016 年编入国家标准图集，设计时可参照选用
4. 游泳池水加热选用容积式、半容积式水加热器	水加热器的选型首先应考虑用户要求及用热水性质。集中生活热水系统的主要用户是人们洗浴用热水，其特点是用水很不均匀，且要求供水水量、水温、水压稳定，因此一般均选用有一定调节容积的导流型容积式水加热器或半容积式水加热器，以调节其供水水温，均匀热媒负荷降低被加热水流经水加热器的阻力以保证配水点较稳定安全的供水水温和冷热水压力的平衡。 游泳池池水的加热，虽然池水接触人体，但因其供热主要是弥补运行过程中的热损耗，此值基本固定，即水加热器运行时负荷恒定不需另加调节容积来调节稳定供水温度，而且它没有冷、热水压力平衡的要求，因此它宜选用高效、阻力较大的板式或列管式、浮动盘管式快速水加热器。如选用带调节容积的容积式、半容积式水加热器，不仅不经济，而且由于被加热水水温低（游泳池水温为 27～29℃，水加热器出水温度≤40℃），滞水区易繁殖生长致病菌，不利游泳池水质的保证
5. 较大型集中热水供应系统只设了一台水加热器	1.《建水规》5.4.3 条规定："医院热水供应系统的锅炉或水加热器不得少于 2 台，其他建筑的热水供应系统的水加热设备不宜少于 2 台，一台检修时，其余各台的总供热能力不得小于设计小时耗热量的 50％"。 设计选用水加热器时，水加热器的台数宜根据用户的性质、贮热水容积、换热间的平面尺寸、高度及热媒供应条件等因素加以选择。 医院、高级宾馆等公建的热水系统由于其用水的重要性，断热水将造成医疗事故或给业主带来较大损失者应设两台或多台水加热器。 对于其他建筑的热水系统，当计算贮水有效容积≥5m³ 时宜设两台或多台水加热器，贮水有效容积＜5m³ 者，有条件时亦设两台。这样不仅能保证系统不断热水供应，而且当使用人数低时，可只运行一台设备，使用灵活节能。 为提高设备的使用效率，每台水加热器的供热量应满足上述《建水规》5.4.3 条之要求。 2. 水加热器在运行中容易出故障的部位主要是换热管束，其可能出现的问题为： 1）换热管束外壁沉积水垢，严重影响水加热器的产热水量。形成外壁沉积水垢的因素： （1）冷水硬度高，又未采取任何处理措施； （2）热媒为蒸汽或高温水，管外壁温度高； （3）温控阀灵敏度差或使用失灵，水加热温度过高。 有的水加热器由于同时存在上述三个影响因素，水温由人工手动控

常见问题	剖析与修正
	制，出水温度约为 80℃，水加热器只用了不到半年换热管束之间的过水断面全被水垢堵严，基本失去换热能力。 2）换热管束与分配板或热媒主管连接部位不牢固、运行中脱焊，引起热媒与被加热水直接混合。 3）汽—水换热时，换热盘管疏水不畅，产生振动，易使管束连接部位脱落。 4）换热管束锈蚀，管壁穿孔。 3. 为了保证水加热器出故障时检修的要求，设计应考虑下列几点： 1）《城镇给水排水技术规范》GB 50788—2012 3.7.4 条规定："水加热、储热设备及热水供应系统应保证安全、可靠地供水"。水加热器要满足此条要求，设计应选用留有检修条件的设备，即水加热器内的换热管束应能清通、更换；如半容积式水加热器需留检修用人孔；浮动盘管换热器，盘管应能更换，只有这样换热管束才能正常使用，水加热器才能安全可靠地供水。 2）应留出抽出水加热器内管束的检修距离或高度，有的浮动盘管水加热器管束从底部进出，检修时需将罐体放倒才能抽出管束，如选用它，应留出罐体放倒的位置。 3）不宜选用体量太大的水加热器，总容积＞8m³ 的水加热器运输安装都很困难，尤其是检修或更换更为困难。不少工程，因水加热器体量太大，坏了无法搬走，只得用快速水加热器来更换，使整个系统运行不合理，不安全
6. 热媒为 $P_N \geqslant$ 0.8MPa 的饱和蒸汽未加减压措施	水加热器以饱和蒸汽为热媒时，蒸汽相对压力宜≤0.6MPa，当其＞0.6MPa 时宜设蒸汽减压阀减至 0.4～0.6MPa。其理由如下： 1）换热管束大都为铜管，铜管一般使用温度为不宜大于 150℃，超过此温度时，其相应承压能力下降加快。如 P_N=0.8MPa 的饱和蒸汽 T=175℃，如不减压则铜管束处于高温高压状态，将严重影响其使用寿命。 2）蒸汽为热媒时，一般压力波动较大，运行时过高的压力及过大的压力波动都将产生较大的振动，亦易引起管束的连接部位的松动
7. 汽-水换热选用浮动盘管卧置的水加热器	卧置的浮动盘管构造如图 4-12 所示，当汽-水换热选用此种构造的设备时，由于汽-水换热过程随着水加热器水温的变化时启时停。停止运行即不进汽时，管束内蒸汽迅速凝结成水，且蒸汽压力迅速下降，使沉留在盘管下半部的凝结水不能排出而滞留在管内，当管束进汽时，很易引起汽水相撞的现象，不仅使蒸汽流通受阻，严重影响换热效果，而且发出撞击噪声，管束连接处频受振动，整个管束极易损坏。因此以蒸汽为热媒时，不得选用这种浮动盘管卧置的立、卧式水加热器。  图 4-12 卧置浮动盘管示意图

常见问题	剖析与修正
8. 水加热器的热媒进出口管径选用不合适	1. 水加热器热媒进出口管径的选择 1）水-水换热时热媒热媒进出口管的通过流量按下式计算 $$Q_{\mathrm{m}}=\frac{K_{\mathrm{m}}Q_{\mathrm{g}}}{(t_{\mathrm{mc}}-t_{\mathrm{mz}})C\rho_{\gamma}} \qquad (4\text{-}1)$$ 式中：Q_{m}——热媒流量（m^3/h）； $\quad t_{\mathrm{mc}}$——热媒水初温（℃）； $\quad t_{\mathrm{mz}}$——热媒水终温（℃）； $\quad C$——水的比热，$C=4.187\mathrm{kJ/(kg\cdot℃)}$； $\quad \rho_{\gamma}$——热媒水密度（$\mathrm{kg/L}$），$\rho_{\gamma}\approx1.0$； $\quad K_{\mathrm{m}}$——热水系统热损耗系数；$K_{\mathrm{m}}=1.10\sim1.15$； $\quad Q_{\mathrm{g}}$——设计小时供热量（$\mathrm{kJ/h}$）其计算如下： （1）导流型容积式水加热器的 Q_{g} 计算公式为： $$Q_{\mathrm{g}}=Q_{\mathrm{h}}-\frac{\eta V_{\mathrm{r}}}{T}(t_{\mathrm{r}}-t_{\mathrm{l}})C\rho_{\mathrm{r}} \qquad (4\text{-}2)$$ 式中　Q_{g}——导流型容积式水加热器的设计小时供热量（$\mathrm{kJ/h}$）； $\quad Q_{\mathrm{h}}$——设计小时耗热量（$\mathrm{kJ/h}$）； $\quad \eta$——有效贮热容积系数； 导流型容积式水加热器 $\eta=0.8\sim0.9$；第一循环系统为自然循环时，卧式贮热水罐 $\eta=0.80\sim0.85$；立式贮热水罐 $\eta=0.85\sim0.90$； 第一循环系统为机械循环时，卧、立式贮热水罐 $\eta=1.0$； $\quad V_{\mathrm{r}}$——总贮热容积（L）； $\quad T$——设计小时耗热量持续时间（h），$T=2\sim4\mathrm{h}$； $\quad t_{\mathrm{r}}$——热水温度（℃），按设计水加热器出水温度或贮水温度计算； $\quad t_{\mathrm{l}}$——冷水温度（℃），按《建水规》表5.1.4采用； 注：当 Q_{g} 计算值小于平均小时耗热量时，Q_{g} 应取平均小时耗热量。 （2）半容积式水加热器的 Q_{g} 计算公式为：$Q_{\mathrm{g}}=Q_{\mathrm{h}}$ （3）半即式水加热器的 Q_{g} 计算公式为 $Q_{\mathrm{g}}=q_{\mathrm{s}}$ 式中：q_{s}——热水系统设计秒流量对应的耗热量（$\mathrm{kJ/h}$），其计算如下： $$q_{\mathrm{s}}=3.6q(t_{\mathrm{r}}-t_{\mathrm{c}})C\rho_{\gamma} \qquad (4\text{-}3)$$ 式中　q——热水系统设计秒流量（$\mathrm{L/s}$）； $\quad t_{\mathrm{r}}$——热水温度（℃）； $\quad t_{\mathrm{c}}$——冷水温度（℃）。 2）汽-水换热时，热媒进、出口通过的蒸汽量按下式计算 $$G_{\mathrm{m}}=3.6K_{\mathrm{m}}\frac{Q_{\mathrm{g}}}{i''-i'} \qquad (4\text{-}4)$$ 式中　G_{m}——蒸汽量（$\mathrm{kg/h}$）； $\quad i''$——饱和蒸汽的热焓（$\mathrm{kJ/kg}$），其值见表4-2。

饱和蒸汽的温度与焓　　　　　　　　表 4-2

压力（表压）（MPa）	0.1	0.2	0.3	0.4	0.5	0.6
温度（℃）	120.2	133.5	143.6	151.9	158.8	164.9
焓（kJ/kg）	2706.9	2725.5	2748.5	2748.5	2756.4	2762.9

常见问题	剖析与修正
	i'——凝结水水温（℃），$i'=t_{mz}$， t_{mz}值由产品配套提供，一般为 $i'=60\sim90℃$。 注：式中 k_m、Q_g 同式（4-1） （1）蒸汽管与凝结水管管径的选择； （2）蒸汽管可按流速 $V=25\sim45m/s$ 计算； （3）凝结水管可按流速 $V=0.3\sim0.7m/s$ 计算； （4）表压为 0.4MPa 的饱和蒸汽的蒸汽管，凝结水管管径选择示例见表 4-3： **表压为 0.4MPa 的饱和蒸汽的蒸汽管与凝结水管管径选用参考 表 4-3** 表格见下

表压为 0.4MPa 的饱和蒸汽的蒸汽管与凝结水管管径选用参考 表 4-3

蒸汽量 G(kg/h)	400~500	500~800	800~1500	1500~2500	2500~3500	3500~6000
蒸汽管	40	50	70	80	100	125
凝结水管	20	25	32	40	50	70

常见问题	剖析与修正
9. 水加热器冷水进水管小于热水出水管	《建水规》5.4.13 条规定水加热器"冷水补水管的管径，应按热水供应系统的设计秒流量确定"： 此条规定的含义是：水加热器虽然有一定调节容积但它调节的是热量和稳定水温，不能如给水系统的水箱那样，调节水量。二者不同之处在于给水系统的补水与水箱是隔开的，即水箱的供水与补水无直接关系，而供水是随着用水不断变化的，水箱贮存的水量就是保证在补水量小于供水秒流量的条件下起调节水量的作用，因此其补水管可按不大于设计小时水量选管径，而水箱供水管则要按设计秒流量选管径，前者可小于后者。水加热器的冷水补水与水加热器直接连通，其热水供水完全靠冷水补水直接供给，因此，水加热器的冷水进水与热水出水管管径应一致
10. 选用快速水加热器直接供热水	快速式水加热器是一种热媒介质与被加热水两者均以较高流速流动对流换热的设备，其优点是，传热系数高，换热效果好，节材省地。但它同时又具有要求热媒负荷大，阻力损失大，阻力变化大，流道窄易结垢及供水水温变化大、难以控制等缺点。 由于生活热水的用水特点是用水量变化大，洗浴水要求温度和压力稳定，因此它不应采用由快速水加热直接供水的加热方式，一般均应采用快速水加热配贮热水罐（箱）联合供水，以确保供水的安全可靠。 但对于游泳池池水加热则如前所述，采用快速水加热器是适宜的
11. 水加热器温控阀设置中的问题： 1）漏设温控阀； 2）温控阀组不全； 3）设置位置太高	1. 水加热器温控阀的作用及其选择 1）温控阀的作用： 水加热器热媒管道设置的温控阀是控制水加热器出水温度稳定的必不可缺的重要阀件，是保证整个热水供应系统安全供水的首要关口。因此，设计文件中应通过"设备和主要器材表"、设计说明及系统图、水加热间放大图等用图示和文字表达清楚，并由水加热器配套提供。 2）温控阀的类型 （1）直接式（自力式）自动温度控制阀，它由温度感温元件（温包）执行机构及控制或调节阀件组成，其联动过程均自动，不需外加动力。

常见问题	剖析与修正
	（2）电动式自动温度控制阀，它由温度传感器、控制盘及电磁阀或电动阀组成，需由电力传动。 （3）压力式自动温度控制阀，它是利用管网的压力变化通过压差式罐膜阀瞬时调节热媒流量自动控制出水温度。 3）温控阀的选择 用于带贮热调节容积的水加热器的温控阀大多采用自力式温控阀，只具控制功能、无调节功能。即按水加热器的设计供水温度作为控制温度，低于此温度时开启阀门，达此温度关闭阀门。 自力式温控阀的构造原理，选用参数及安装维修等要求可参见《建筑给水排水设计手册》第二版（上册）中的"4.8节热水供应系统附件"。 设计选择自力式温控阀时宜注意如下内容： （1）应根据不同类型水加热器选用相应灵敏高要求的温控阀，其具体规定可参考表4-4：

水加热器相应的温控阀灵敏度   表4-4

水加热器类别	导流型容积式水加热器	半容积式水加热器	半即热式水加热器
温控阀灵敏度	≤5℃	≤4℃	≤3℃

注：1. 导流型容积式水加热器、半容积式水加热器采用自力式温控阀；
    2. 半即热式水加热器自配具有根据水温、用水量的变化迅速调节和控制功能的专用温控阀；
    3. 快速水加热器配贮热水箱（罐）时，可按其水箱（罐）的有效贮热容积相当于导流型容积式水加热器或半容积式水加热器的贮热容积对应选择温控阀的灵敏度。

（2）汽-水换热的导流型容积式水加热器、半容积式水加热器温控阀的选择

① 应选择阀体关断时泄流量低的温控阀，从目前温控阀应用状况来看，国内产品尚存在故障率较大、灵敏度较低和关断时泄流量较大的问题。由于汽-水换热时，蒸汽热焓值高，午夜后当系统不用水或极小用水时，温控阀关不严产生的蒸汽泄流量继续流进管束换热使水加热器内的水继续不断升温，以致引起系统超温，易产生烫伤人或管道阀件爆裂等事故。因此，汽-水换热的水加热器应选用关断时泄流量低、可靠性高的温控阀。

有关温控阀泄漏率的参考数据如下：

国家产品标准≤3%K_{vs}

丹麦克罗里达公司产品

单阀座阀≤0.05%K_{vs}

双阀座阀≤0.5%K_{vs}

注：K_{vs}——当阀体进、出口压差为0.1MPa时，通过全开启阀的介质流量。

② 医院、养老院、幼儿园及高级宾馆等建筑的水加热器，宜采用自力式温控阀加电动阀的双重控制，即当超温时由电动阀完全关断热源。

（3）温控阀的口径一般可比热媒进口管小一号。如$DN100$的热媒进口管可选用$DN80$的温控阀，因国外较好的温控阀价格比国内产品贵很多，在满足热媒流量和阀体阻力损失要求的条件下，选用小一号温控阀，能节省一次投资。

常见问题	剖析与修正
	2. 温控阀组的配置 温控阀组的配置如图 4-13 所示。 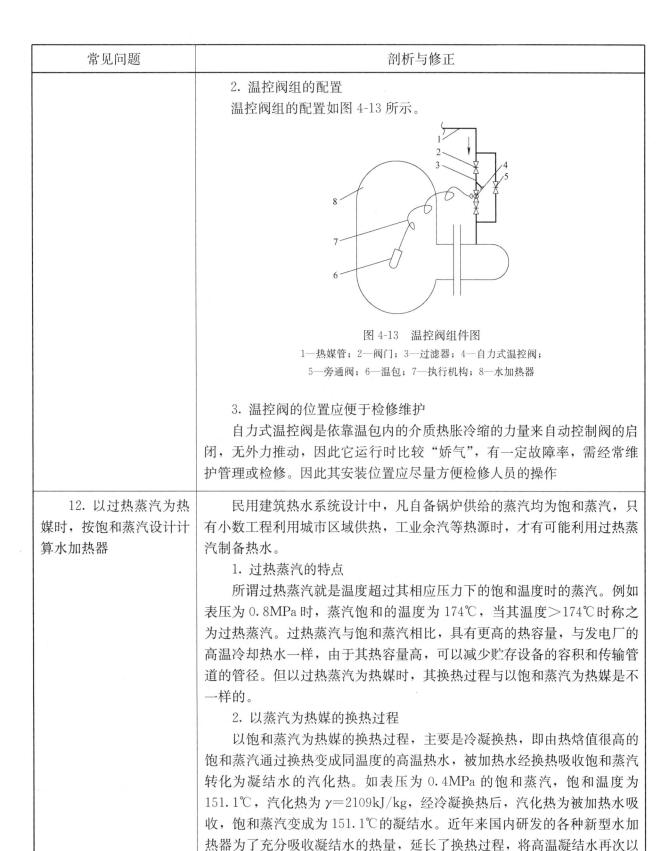 图 4-13　温控阀组件图 1—热媒管；2—阀门；3—过滤器；4—自力式温控阀； 5—旁通阀；6—温包；7—执行机构；8—水加热器 3. 温控阀的位置应便于检修维护 　　自力式温控阀是依靠温包内的介质热胀冷缩的力量来自动控制阀的启闭，无外力推动，因此它运行时比较"娇气"，有一定故障率，需经常维护管理或检修。因此其安装位置应尽量方便检修人员的操作
12. 以过热蒸汽为热媒时，按饱和蒸汽设计计算水加热器	民用建筑热水系统设计中，凡自备锅炉供给的蒸汽均为饱和蒸汽，只有小数工程利用城市区域供热，工业余汽等热源时，才有可能利用过热蒸汽制备热水。 　　1. 过热蒸汽的特点 　　所谓过热蒸汽就是温度超过其相应压力下的饱和温度时的蒸汽。例如表压为 0.8MPa 时，蒸汽饱和的温度为 174℃，当其温度＞174℃时称之为过热蒸汽。过热蒸汽与饱和蒸汽相比，具有更高的热容量，与发电厂的高温冷却热水一样，由于其热容量高，可以减少贮存设备的容积和传输管道的管径。但以过热蒸汽为热媒时，其换热过程与以饱和蒸汽为热媒是不一样的。 　　2. 以蒸汽为热媒的换热过程 　　以饱和蒸汽为热媒的换热过程，主要是冷凝换热，即由热焓值很高的饱和蒸汽通过换热变成同温度的高温热水，被加热水经换热吸收饱和蒸汽转化为凝结水的汽化热。如表压为 0.4MPa 的饱和蒸汽，饱和温度为 151.1℃，汽化热为 $\gamma=2109kJ/kg$，经冷凝换热后，汽化热为被加热水吸收，饱和蒸汽变成为 151.1℃ 的凝结水。近年来国内研发的各种新型水加热器为了充分吸收凝结水的热量，延长了换热过程，将高温凝结水再次以水—水换热的方式，将其降至 60℃ 左右，节能比约为 15%。 　　以过热蒸汽为热媒的换热过程则比上述饱和蒸汽要复杂，它多了一个由过热蒸汽先冷却成同压力下的饱和蒸汽，然后再进行饱和蒸汽的换热过程。而过热蒸汽变为饱和蒸汽的过程是气-水换热过程，由于过热气的热

常见问题	剖析与修正
	焓值很低，约为 $\gamma'=1.3\mathrm{kJ/kg}$，与干空气相似，即 $\gamma'=0.6\%\gamma$，相应的传热系数也低得多，如果用一个水加热器一次完成整个换热过程，其传热系数 K 就不能按饱和蒸汽的 K 来选取。其具体换热过程应如图 4-14、图 4-15 所示：

1）以饱和蒸汽为热媒时的换热过程：

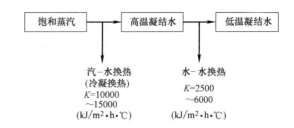

图 4-14　以饱和蒸汽为热媒时的流程图

2）以过热蒸汽为热媒时的换热过程

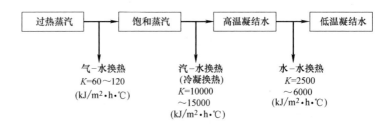

图 4-15　以过热蒸汽为热媒时的流程图

3. 水加热器换热面积的 F 的计算

以饱和蒸汽为热媒时 F 的计算：

设计计算以饱和蒸汽为热媒的水加热器的换热面积如按上述换热过程应按汽-水换热和水-水换热两个过程的不同 K 值分别计算 F_i 值，然后叠加得总 F。

但在实际工程设计计算时，大多只按一个综合的 K 值计算，其理由：主要是汽-水换热时很难将两个过程截然分开，在水加热器进行热工性能测试时均是以综合 K 值作为测定计算参数，另外带贮热容积的水加热器有一定调节余量，因此一般综合 K 值计算 F 值既简化计算，亦能保证使用要求。

以过热蒸汽为热媒时的水加热器的换热面积应按气-水换热和汽-水换热两个过程分别计算 F_i 值，然后叠加得总 F 值。即：

$$F=F_1+F_2 \tag{4-5}$$

式中：F——总换热面积（$\mathrm{m^2}$）；

F_1——气水换热时的换热面积（$\mathrm{m^2}$）；

F_2——汽水换热时的换热面积（$\mathrm{m^2}$）。

注：汽-水换热的 K 取综合 K 值

常见问题	剖析与修正
13. 设计计算水加热器时的问题 1）计算不全； 2）传热系数 K 值等参数选择有误	1. 设计计算水加热器的内容 根据热媒品种热媒负荷（能供给的热量）及使用要求，使用特点合理选择水加热器类型 （1）当热媒为蒸汽、热媒水（$t_{mc} \geq 70℃$）时可选用导流型容积式水加热器、半容积水加热器和半即热式水加热器，其具体选择为： ① 热媒负荷能满足设计小时耗热量要求时，宜选用半容积式水加热器。 ② 热媒负荷只能满足平均小时耗热量要求时，可选用导流型容积式水加热器，也可选半容积式水加热器，但其贮热容积应按导流型容积式水加热计算，如医院等建筑的水加热器就宜按此选用。 ③ 热媒负荷能满足设计秒流量的耗热量要求时，可选用半即热式水加热器。 ④ 对于用水要求水温稳定，不能断热水等建筑则宜选用带贮热容积的水加热器。 （2）当热媒为低温热媒水（$t_{mc} < 70℃$）如太阳能、热泵所产热媒水时，宜选用快速水加热器配贮热水罐联合供水的设备，如图 4-16 所示。 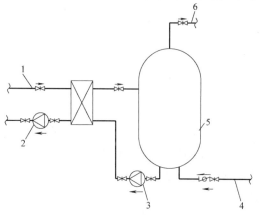 图 4-16　板换配贮热水罐供热水图 <small>1—热媒水；2—热媒水循环泵；3—被加热水循环泵；4—冷水；5—贮热水罐；6—热水</small> 低温热媒水适用于此系统的理由如下： ① 板式快速水加热器的热媒水与被加热水两端均采用循环泵循环，两端的流速均高，相应的传热系数 K 亦高，它比只有热媒端有循环泵的水加热器的 K 值要高，相应的换热面积小。如选用导流型容积式、半容积式等水加热器，因影响换热面积的主要因素，热媒与被加热水的温差太小，（一般 $\Delta T_j \leq 10℃$）相应的 K 值也低（一般 $K < 1200kJ/(m^2 \cdot h \cdot ℃)$），这样算下来的换热面积 F 将很大，而这类水加热器的换热面积受压力容器构造的制约，其 F 是有限的。 ② 换热充分，用板换循环换热，可以达到被加热水出水温度 t_c 只比热媒水进水温度 t_{mc} 低5℃，甚至2℃的要求，而对于导流型容器式水加热器等 $t_{mc} - t_c \geq 10℃$。 ③ 由于热媒水温低，被加热水出水温度 $t_c \leq 50℃$，结垢的可能性小，基本不影响换热功能。

常见问题	剖析与修正
	④ 对于小型系统，为了系统简单，计算所得换热面积在导流型容积式或半容积式水加热器的最大允许换热面积之内，亦可采用热媒水直接进水加热器的换热方式。 （3）水加热器的台数，如前所述宜两台或两台以上。 （4）计算换热面积，热媒流量、热媒及被加热水配管管径等水加热器必要的参数。其中换热面积是决定水加热器供热能力的主要参数，而传热系数 K 又是计算换热面积的关键参数。尤其是以 $t_{mc} \leqslant 70℃$ 的热媒水为热媒换热时，应选水-水换热的最低 K 值。而在如采用北京市政热网水换热要求 $t_{mc} \leqslant 70℃$，$t_{mz} = 40℃$ 的条件下换热时，还应对 K_{min} 乘以 80% 左右的折扣。例如 BHRV 波节管半容积式水加热器，产品提供的水-水换热的 $K = 5220 \sim 6700 kJ/(m^2 \cdot h \cdot ℃)$，当其用于北京市利用市政热网水换热时，$K = 5220 \times 0.8 = 4176 kJ/(m^2 \cdot h \cdot ℃)$，其理由是：因为热媒水不仅供水温度低而且要求热媒的温差很大，热媒终温 t_{mz} 大于被加热水终温 t_c，这比正常时 $t_{mz} > t_c$ 的换热工况要苛刻得多，实际运行时只有降低热媒流速 V_1 延长换热过程才有可能实现，而 V_1 与 K 值成正比例关系，V_1 小则 K 值小。 水加热器的具体设计计算可参见下列示例

4.2.2 水加热器计算实例

1. 导流型容积式水加热器、半容积式水加热器的设计计算

设计条件：某酒店集中热水供应系统，设计小时耗热量为 $Q_h = 3127600 kJ/h$；热水供水温度 $t_r = 55℃$，冷水温度 $t_1 = 13℃$，热媒为热网水，最不利供热工况为：供回水温度为 $t_{mc} = 70℃$，$t_{mz} = 40℃$，热网水工作压力为 $PN1.2MPa$，集中热水供应系统工作压力为 $PN0.5MPa$，热网水的设计小时供热量 $\geqslant Q_h$，热网检修时，热媒为 0.6MPa 的饱和蒸汽，试设计计算和选用导流型容积式水加热器或半容积式水加热器。

1）当采用导流型容积式水加热器的设计计算：

拟按即将出版的国标《水加热器 选用及安装》16S122 图集中"BRV-04"立式导流型容积式水加热器选型计算。

（1）贮水容积 V_e $V_e = \dfrac{SQ_h}{c\rho_r(t_r - t_1)}$

$$= \frac{0.67 \times 3127600}{4.187 \times 0.986 \times (55-13) \times 1000}$$

$$= 12.1 m^3$$

式中：S——贮水时间按《建水规》，表 5.4.10 中 "$\leqslant 95℃$" 热媒水时 $S = 0.67Q_h$ 取值。

（2）总容积 V

$$V = \frac{V_e}{\eta} = \frac{V_e}{0.85} = \frac{12.1}{0.85} = 14.2 m^3$$

式中：η——容积附加系数"建水规"式（5.3.3）中 η 取值。

（3）初选 BRV-04-5，即总容积 $V = 5.0 m^3$ 的立式导流型容积式加热器 3 台。

其有效贮热水容积 V'_e 为

$$V'_e = \eta V = 0.85 \times 3 \times 5.0 = 12.75 m^3$$

$V'_e > V_e$ 满足要求

（4）水加热器设计小时供热量 Q_g

$$Q_g = Q_h - \frac{V'_e}{T}(t_r - t_1)c\rho_r$$

$$= 3127600 - \frac{12.75 \times 1000}{3}(55 - 13) \times 4.187 \times 0.986$$

$$= 3127600 - 736900 = 2390700 \text{kJ/h}(664 \text{kW})$$

式中：T——设计小时耗热量持续时间，取 $T=3\text{h}$。

（5）总传热面积 F_{rj}

$$F_{rj} = \frac{C_r Q_g}{\varepsilon K \Delta t_j} = \frac{1.1 Q_g}{0.8K \frac{(t_{mc} + t_{mz}) - (t_c + t_z)}{2}}$$

$$= \frac{1.1 \times 664 \times 1000}{0.8 \times (1450 \times 0.8) \times \frac{(70 + 40) - (55 + 13)}{2}}$$

$$= 37.5 \text{m}^2$$

式中：K 的选值见国标图集 "RV（BRV）-04 导流型容积式水加热器选用说明"。因热媒水终温 $t_{mz} = 40℃$，K 值按表中低限值的 80% 选取。

经上设计计算确定采用 BRV-04-5（1.6/0.6）波节管导流型立式容积式水加热器 3 台，每台换热面积 $F'_{rj} = 13.1 \text{m}^2$（按国标图集 16S122 中 "BRV-04-5" 选用）。总换热面积为
$3 \times F'_{rj} = 3 \times 13.1 = 39.3 \text{m}^2 > 37.5 \text{m}^2$。

（6）热媒流量 G_m

$$G_m = \frac{KQ_g}{1.163(t_{mc} - t_{mz})\rho_r} = \frac{1.1 \times 664 \times 1000}{1.163 \times (70 - 40) \times 0.986}$$

$$= 21230 \text{L/h} = 21.3 \text{m}^3/\text{h}$$

（7）管径配置见表 4-5：

管径配置 表 4-5

名称	热媒			被加热水		
	流量(m³/h)	V(m/s)	DN(mm)	流量(L/s)	V(m/s)	DN(mm)
总管	21.30	0.70	100	20	1.50	125
单台管	7.10	0.56	65	6.70	1.35	80

注：1. 热媒管按热媒流量 G_m 取值，被加热水管按系统热水供水总管的设计秒流量 q 取值（设计计算 $q = 20 \text{L/s}$）；
    2. 表中热媒流速取值较低是为适应热网温差变化较大需调节热媒流量的工况。

（8）热网检修时汽-水换热校核计算：

① 换热面积 F_{rj}^b

$$F_{rj}^b = \frac{C_r Q_g}{\varepsilon K \Delta t_j} = \frac{1.1 Q_g}{0.8K \frac{(t_{mc} + t_{mz}) - (t_c + t_z)}{2}}$$

$$= \frac{1.1 \times 664 \times 1000}{0.8 \times 2500 \times \frac{(165 + 60) - (55 + 13)}{2}}$$

$$= 4.70 \text{m}^2$$

式中：$K = 2500 \text{W}/(\text{m} \cdot ℃)$，查国标图集 "BRV-04" 参数；

Δt_j 取值中，t_{mc}——0.6MPa 饱和蒸汽的温度；

t_{mz}——冷凝水出水温度，见"RV-04"参数表；

t_z——被加热水出水温度，$t_z = t_r = 55℃$。

② 贮水水量 V_e 及贮水容积 V

$$V_e = \frac{SQ_h}{c\rho_r(t_r - t_1)}$$

$$= \frac{0.5 \times 3127600}{4.187 \times 0.986 \times (55-13) \times 1000}$$

$$= 9.0 m^3$$

$$V = \frac{V_e}{\eta} = \frac{V_e}{0.85} = \frac{9.0}{0.85} = 10.6 m^3$$

式中：S——按《建水规》表 5.4.10 中热媒为蒸汽时取值。

③ 蒸汽量 G_m

$$G_m = 3.6C_\gamma \frac{Q_g}{i'' - i'} = 3.6 \times 1.1 \times \frac{664 \times 1000}{2762.9 - 4.187 \times 60}$$

$$= 1046 kg/h$$

④ 复核热媒管径，见表 4-6。

蒸汽管管径   表 4-6

名　　称	热媒流量（kg/h）	V(m/s)	DN(mm)
总管	1046	22	65
单台管	349	28	32

按蒸汽压力 $PN = 0.6MPa$ 查蒸汽管管径计算。

由表 4-6 按水—水换热时所选管径均满足要求。

（9）设备阻力：

查"BRV-04"参数表，得热媒阻力 Δh_1 与被加热水阻力 Δh_2 分别为：

$$\Delta h_1 = 0.05MPa，\Delta h_2 \leqslant 0.01MPa$$

2）当采用半容积式水加热器的设计计算

拟按"BHRV-01"波节管卧式半容积式水加热器设计计算。

（1）贮水容积 V_e

$$V_e = \frac{SQ_h}{c\rho_r(t_r - t_1)}$$

$$= \frac{0.35 \times 3127600}{4.187 \times 0.986 \times (55-13) \times 1000}$$

$$= 6.31 m^3$$

式中：$S = 0.35h$ 系按《建水规》表 5.4.10 中 $\leqslant 95℃$ 热媒时取值。

（2）总容积 V

$$V = \eta V_e = 1.0 \times 6.31 = 6.31 m^3$$

式中：$\eta = 1.0$ 即半容积式水加热器无冷温水区。

（3）初选 BHRV-01-05，即总容积 $V = 5.0 m^3$ 的波节管卧式半容积式水加热器 2 台。

（4）水加热器设计小时供热量 Q_g

$$Q_g = Q_h = 3127600 kJ/h（869kW）$$

（5）总传热面积 F_{rj}

$$F_{rj}=\frac{C_r Q_g}{\varepsilon K \Delta t_j}=\frac{1.1Q_g}{0.8K\dfrac{(t_{mc}+t_{mz})-(t_c+t_z)}{2}}$$

$$=\frac{1.1\times 869\times 1000}{0.8(1500\times 0.8)\dfrac{(70+40)-(55+13)}{2}}$$

$$=47.4m^2$$

式中：K 值按低限值 80% 取值即其计算值为 1500×0.8。

（6）查国标图集 "BHRV-01" 参数表选单台设备的换热面积 $F'_{rj}=31.0m^2$ 2 台，则 $2F'_{rj}=2\times 31.0=62.0m^2>F_{rj}=47.4m^2$，最后确定选型为 2 台 "BHRV-01-5"（1.6/0.6）" 波节管卧式半容积式水加热器。

（7）热媒流量 G_m

$$G_m=\frac{C_r Q_g}{1.163(t_{mc}-t_{mz})\rho_r}$$

$$=\frac{1.10\times 869\times 1000}{1.163(70-40)\times 0.986}=27.8m^3/h$$

（8）管径配置见表 4-7。

管径配置　　　　　　　　　　　　　　　　　　　表 4-7

名　　称	热媒			被加热水		
	流量(m³/h)	V(m/s)	DN(mm)	流量(L/s)	V(m/s)	DN(mm)
总管	27.8	0.9	125	20	1.50	125
单台管	13.9	0.8	80	10	1.15	100

（9）设备阻力

查 BHRV 参数表，热媒阻力：$\Delta h_1\approx 0.03MPa$，

被加热水：$\Delta h_2\approx 0.01MPa$。

2. 半即热式水加热器的设计计算

设计条件：上例中热媒为 0.6MPa 的饱和蒸汽，热水供水设计秒流量为 $q_s=20L/s$，其他条件相同。拟按国标图集中 "SW" 型半即热式水加热器选型计算。

1）水加热器的设计小时供热量 Q_g

$$Q_g=3600q_s c(t_r-t_1)\rho_r$$

$$=3600\times 20\times 4.187\times (55-13)\times 0.986$$

$$=12484000kJ/h\ (3467.8kW)$$

2）换热工况如图 4-17 所示。

蒸汽凝结放热量（即汽化热量）$Q_Q=2068kJ/kg$

凝结水放热量

$$Q_N=c(t_{mc}-t_{me})=4.187\times (164.5-60)$$

$$=438kJ/kg$$

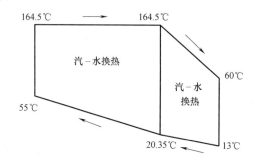

图 4-17　汽-水换热工况示意图

凝结水过冷放热占换热量的比例为 $\dfrac{438}{2068+438}\times 100\%=17.5\%$

凝结水过冷放热将被加热水提升的温度

$$t=13+0.175\times (55-13)=13+7.35=20.35℃$$

3) 汽-水换热部分的换热面积

(1) 供热量 Q_g^Q

$$Q_g^Q=(1-0.175)Q_g=0.825\times3467.8=2860.9\text{kW}$$

(2) 平均对数温差 Δt_j

$$\Delta t_j=\frac{\Delta t_{max}-\Delta t_{min}}{\ln\dfrac{\Delta t_{max}}{\Delta t_{min}}}$$

$$=\frac{(164.5-20.35)-(164.5-55)}{\ln\dfrac{164.5-20.35}{164.5-55}}$$

$$=\frac{34.65}{0.275}=126℃$$

(3) 初选 3 台 SW2B 型设备，计算单台设备的换热面积

$$f_{rj}^Q=\frac{C_r Q_g^a}{3\varepsilon K\Delta t_j}=\frac{1.10\times2860.9\times1000}{3\times0.8\times3400\times126}=3.06\text{m}^2$$

式中：K——传热系数见国标图集 "SW、WW" 中表 1。

4) 水-水换热部分的换热面积

(1) 供热量 Q_g^s

$$Q_g^s=0.175Q_g=0.175\times3457.8=606.9\text{kW}$$

(2) 平均对数温度差 Δt_j

$$\Delta t_j=\frac{\Delta t_{max}-\Delta t_{min}}{\ln\dfrac{\Delta t_{max}}{\Delta t_{min}}}$$

$$=\frac{(164.5-20.35)-(60-13)}{\ln\dfrac{164.5-20.35}{60-13}}=\frac{97.15}{1.124}$$

$$=86.4℃$$

(3) 计算单台设备水-水换热部分的换热面积

$$f_{rj}^n=\frac{C_r Q_g^a}{3\varepsilon K\Delta t_j}=\frac{1.10\times606.9\times1000}{3\times0.8\times1500\times86.4}=2.15\text{m}^2$$

式中：K——传热系数见国标图集 "SW、WW" 中表 1。

5) 每台设备的换热面积 f_{rj}

$$f_{rj}=f_{rj}^Q+f_{rj}^n=3.06+2.15=5.21\text{m}^2$$

6) 最后确定选型为 3 台 SW2B+13 型汽-水半即热式水加热器。每台设备的实际换热面积为 6.11m²＞5.21m²。

7) 热媒流量 G_m

$$G_m=3.6C_\gamma\frac{Q_g}{i''-i'}=3.6\times1.1\times\frac{3467.8\times1000}{2762.9-4.187\times60}$$

$$=5467\text{kg/h}$$

8) 管径配置见表 4-8。

9) 设备阻力：

查 "SW、WW" 参数表：凝结水剩余压力为 0.00MPa；被加热水阻力≤0.02MPa。

3. 板换机组设计计算实例

名　称	热媒			被加热水		
	流量(kg/h)	V(m/s)	DN(mm)	流量(L/s)	V(m/s)	DN(mm)
总管	5467	36	125	20	1.50	125
单台管	1823	27	80	6.70	1.37	80

管径配置　　　　　　　表 4-8

设计条件：某酒店集中热水供应系统，设计小时耗热量为 $Q_h=1500000kJ/h$，热水供水温度 $t_r=55℃$，冷水温度 $t_l=13℃$，热媒为燃气热水机组供应，其供水水温度为 $t_{mc}=85℃$，$t_{mz}=60℃$，热媒水系统工作压力为 $PN0.3MPa$，集中热水供水系统工作压力为 $PN0.7MPa$，热媒水的设计小时供热量 $Q_g=1200000kJ/h$。

1）板式水加热器选型计算：

(1) 工作压力按两侧介质工作压力高者，即 $PN0.7MPa$ 选用，取 $PN1.0MPa$。

(2) 换热面积 F_{rj} 计算

$$F_{rj}=b\frac{C_r Q_g}{\varepsilon K \Delta t_j}=b\frac{1.1 Q_g}{0.8K \dfrac{\Delta t_{max}-\Delta t_{min}}{\ln \dfrac{\Delta t_{max}}{\Delta t_{min}}}}$$

$$=1.5\frac{1.1\times1200000}{0.8(4000\times3.6)\dfrac{(60-13)-(85-55)}{\ln \dfrac{60-13}{85-55}}}$$

$$=1.5\frac{1320000}{0.8\times14400\times37.9}$$

$$=4.5m^2$$

注：式中 b 为计算温度差 Δt_j 在循环加热过程中逐渐变小的修正系数，本计算例题取 $b=1.5$。

式中 K 取 $4000W/(m^2\cdot℃)$。

2）贮热水罐的选型计算：

(1) 工作压力按热水侧压力选取为 $0.7MPa$，选用标准压力 $1.0MPa$。

(2) 贮热容器 V_r 计算：

$$V_r=\frac{(Q_h-Q_g)T}{\eta(t_r-t_l)c\rho_r}$$

$$=\frac{(1500000-1200000)\times4}{0.9\times(55-13)\times4.187\times0.987}$$

$$=7682L$$

注：式中 V_r 计算公式源于《建水规》中式（5.3.3）。

式中：T——设计小时耗热量持续时间，取 $T=4h$。

3）热媒水侧循环选泵计算：

(1) 循环流量 Q_{ms}

$$Q_{ms}=b\frac{Q_g}{(t_{mc}-t_{mz})c\rho_r}$$

$$=1.5\times\frac{1200000}{(85-60)\times4.187\times0.98}$$

$$=17550L/h=17.55m^3/h$$

(2) 扬程 H_{ms}（闭式系统）

$$H_{ms} = h_1 + h_2 + h_3$$
$$= 0.05 + 0.05 + 0.03$$
$$= 0.13MPa$$

式中：h_1——板式水加热器阻力，按产品性能选，此处 $h_1 = 0.5MPa$ 为设定值；

h_2——热源机组阻力，按设备参数选，此处 $h_2 = 0.05MPa$ 为设定值；

h_3——管道沿程及局部阻力，经计算定。此处 $h_3 = 0.03MPa$ 为设定值。

4）热水侧循环泵选型计算：

（1）循环流量 Q_{WS}

$$Q_{WS} = b\frac{Q_g}{(t_r - t_1)c\rho_r}$$
$$= 1.5 \times \frac{1200000}{(55-13) \times 4.187 \times 0.987}$$
$$= 10400L/h = 10.4m^3/h$$

（2）扬程 H_{WS}

$$H_{WS} = h_1 + h_2$$
$$= 0.05 + 0.02$$
$$= 0.07MPa$$

式中：h_1——板式水加热器阻力，按产品性能选，此处 $h_1 = 0.05MPa$ 为设定值；

h_2——为管道沿程与局部阻力，经计算定。此处 $h_2 = 0.02MPa$。

5）膨胀罐选型计算：

（1）工作压力为热水侧工作压力 0.7MPa，选择标准压力 1.0MPa；

（2）总容积 V_e 计算：

$$V_e = \frac{(\rho_f - \rho_r)P_z}{(P_2 - P_1)\rho_r}V_s$$
$$= \frac{(0.99 - 0.985) \times 1.1P_1}{0.1P_1 \times 0.985} \times 9000$$
$$= 502L$$

式中：ρ_f——为贮热水罐的系统回水温度为 45℃ 时的热水密度；

P_2——膨胀罐处管内最大允许压力（MPa，绝对压力），其数值可取 $1.10P_1$；

V_s——为供水系统内热水总容积，经计算定。此处 $V_s = 9000L$ 为设定值。

6）选型：

（1）选用两组"板换机组"

每组的板式水加热器换热面积、贮热罐容积、循环泵的流量均按以上计算选型参数的 1/2 配置。

（2）按即将出版的国标图《板式水加热器与板换机组》16S122 板换机组选型及外形尺寸表中选型为 750/4300-1.0，其选型参数为：

设计小时供热量　　　$Q_g = 600000kJ/h$

板式水加热器换热面积　$F_{rj} \geqslant 2.5m^2$

板式水加热器工作压力　1.0MPa

贮热水罐容积　　　　$V_r = 4300L$

贮热水罐工作压力　　1.0MPa

热媒循环泵　　　　　$Q_{ms} \geqslant 9.0m^3/h$

$$H_{ms} = 0.015MPa$$

热水循环泵　$Q_{ws} \geqslant 6.0 m^3/h$
$H_{ws} = 0.1 MPa$

膨胀罐　$V = 300L$
工作压力 1.0MPa

注：设计可按贮热水罐容积选型。板式水加热器、循环泵、膨胀罐等组件由供应方依据要求参数配置。

4.2.3 燃油燃气热水机组设计问题

常见问题	剖析与修正
1. 设计未根据水质、硬度选择合适的水加热系统	应根据当地自来水水质硬度选择热水机组水加热系统。 1）冷水硬度的大小直接影响对热水机组的选型，由于热水机组的换热部分大多为小管径列管，管壁外为高温烟气，如管中被加热水硬度高时极易结垢，需经常清通，因此，设计应根据冷水硬度来选择热水机组的加热方式。 2）当地自来水总硬度（以碳酸钙计）≤100mg/L 时，可采用热水机组直接供热水的系统，采用热水机组配贮热水罐联合供水放式，如图4-18 所示： 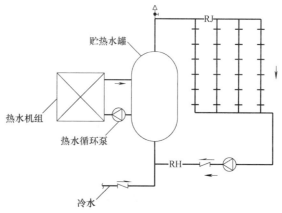 图 4-18　热水机组直接供热水系统示意图（一） 图 4-18 中热水机组的设计小时供热量可按不大于设计小时耗热量选择，具体计算可参见本书导流型容积式水加热器设计小时供热量计算式（4-2）。贮热水贮热容积可按导流型容积的贮热量计算。热水循环泵的循环流量可参照本书式（4-1）计算，其中热水加热的计算温差 $t_{mc} - t_{mz}$ 可取 5℃。循环泵扬程只需克服热水机组内水加热管束或水套及循环管道阻力，一般 $H \leqslant 10m$ 即可。当设备间有条件设置高位贮热罐亦可采用如图 4-19 所示系统。 该系统的第一循环采用自然循环，不需循环泵，但要求贮热水罐底高出热水机组顶≈0.5m。而且热水机组内的被加热水阻力损失应很小，能满足第一循环的由冷热水密度形成的循环水头大于循环管道及水加热部分的阻力损失。 3）当地自来水总硬度（以碳酸钙计）>100mg/L 时，宜采用热水机组间接供热水的系统，一般为采用热水机组配贮导流型容积式水加热器、半容积式水加热器，如图 4-20 所示：

常见问题	剖析与修正
	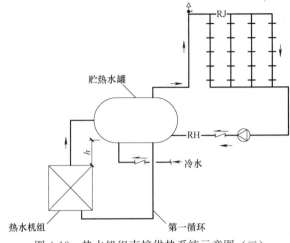 图 4-19 热水机组直接供热系统示意图（二） 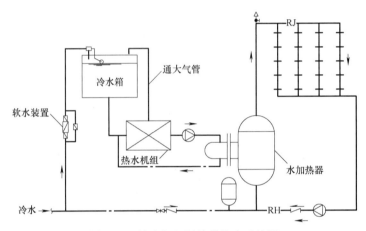 图 4-20 热水机组间接供热水系统图 　　图 4-20 中，热水机组的设计小时供热量同直接供热水系统，水加热器的贮热容积均宜以导流型容积式水加热器的贮热量计算，这样可以选用设计小时供热量较小、运行均匀，效率较高且一次投资低的热水机组。 　　热媒循环泵的循环流量按本书式（4-1）计算，其中 $t_{mc}-t_{mz}$ 值应按水加热器性能参数选择，一般为 $15\sim25℃$。循环泵的扬程应克服热水机组、水加热器及循环管道三部分被加热水的阻力损失，一般可取 $H=10\sim20m$
2. 一台热水机组供应多台水加热器自动控制有误	在水加热系统设计中，当选用燃油燃气热水机组为热源时，会经常碰到一台热水机组带多台水加热器的工况，由于热水机组供给热媒的循环泵不可能像城市热网那样，一天 24h 不间断循环运行，它是随水加热器的运行而工作的，而水加热器的换热通常是通过热媒管上的温控阀来控制的，当一台热水机组配多台水加热器时，即一组循环泵要与多台水加热器的温控阀联动控制，其控制关系复杂，易出故障，宜采用如图 4-21 所示的一组循环泵对一台水加热器的控制方式。 　　采用图 4-21 的控制方式，取消了每台水加热器热媒管上的温控阀，代之以温度传感器直接控制循环泵的启停，其温度控制更可靠和准确，而且增加一组循环泵要比采用控温效果好的进口温控阀经济

常见问题	剖析与修正
	图 4-21　一台热水机组配多台水加热器的控制原理图
3. 无设计选型和必要参数	设计热水机组时应提出下列参数或标准： 1. 根据工程当地燃料供应情况，明确采用燃气还是燃油热水机组。 一般大型城市有城市燃气管网供气，则应优先选用燃气热水机组，否则可选用燃油热水机组。 当选用后者时，应考虑贮油及供油系统，此部分设计内容可参见国家标准图《热水机组选用与安装》05SS121。其中贮油罐的大小（即贮存天数）应与建设方商定。 2. 设计小时供热量： 如前所述，热水机组的设计小时供热量可参照导流型容积式水加热器的公式计算。 3. 燃料耗量： 1）燃料燃烧值见表 4-9：

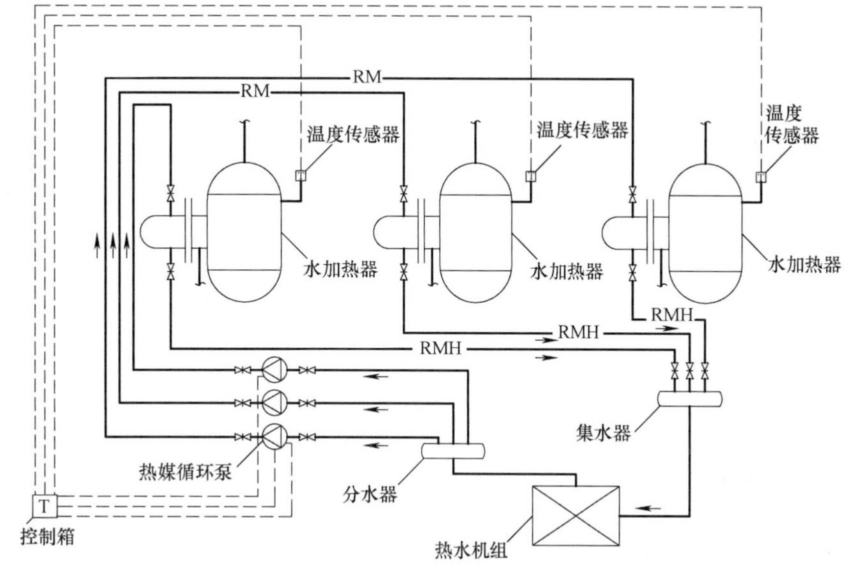

燃料燃烧值　　　　　　　　　　　　　　　　　　　　　表 4-9

燃料	轻柴油	重油	天然气	液化气	城市煤气
燃烧值	42875 kJ/kg	41870 kJ/kg	35590 kJ/Nm³	100488 kJ/Nm³	15910 kJ/Nm³

2）燃料耗量

（1）设计小时燃料耗量 G_h

设计小时燃油耗量 G_h 是选用燃烧器的参数，其值按式（4-7）计算：

$$G_h = \frac{Q_g}{j} (\text{kg/h}, \text{Nm}^3/\text{h}) \qquad (4-7)$$

式中：Q_g——热水机组设计小时供热量（kJ/h）；

J——燃料燃烧值（kJ/kg，kJ/Nm³）。

（2）日燃料耗量 G_d

$$G_d = \frac{Q_d}{j} (\text{kg/d}, \text{Nm}^3/\text{d}) \qquad (4-9)$$

常见问题	剖析与修正
	式中：Q_d——热水机组日供热量（kJ/d）。 　　① 对于燃气热水机组应按最高日耗热量即热水用水定额按最高日定额计算的日耗热量计算； 　　② 对于燃油热水机组，其日用油箱按最高日耗热量计算，贮油罐因其有较大调节容量，则可按平均日耗热量即热水用水定额按平均日定额计算的日耗热量计算。 　　4. 对热水机组提出如下安全、环保性能要求 　　1）机组水套应通大气，本体构造及安全设施应符合国家相关标准的要求； 　　2）燃烧器（机组的关键部件）应具有质量合格证书； 　　3）排烟温度<200℃，烟气排放的卫生标准应符合国家标准《锅炉大气污染物排放标准》GB 13271—2014 的要求
4. 设计未预留烟囱位置	1. 热水机组的布置及设备间位置的选择防爆安全要求可参见工程建设标准化协会标准《燃油、燃气热水机组生活热水供应设计规程》CECS 134：2002 和国家标准图《热水机组选用与安装》05SS121。 　　2. 热水机组设计时应向建筑及结构专业提供机组烟囱的大小、高度和位置。 　　3. 烟囱应按下列条件设计： 　　1）按机组产品提供的排烟口径烟囱高度要求设计烟囱。 　　2）烟囱断面一般为圆形，材质一般为钢管，管壁内外作加强防腐，管外壁作保温层，保温材料应防火、耐高温（>200℃），保温层厚度宜≥5cm。 　　3）每台机组宜单设烟囱，如多台合用时，总烟囱截面应满足同时排烟要求，即总烟囱截面积应等于各台机组烟囱截面积之和。 　　4）烟囱高度除满足机组要求外，还应高出屋顶 1.0m 以上。 　　5）水平烟囱应平直，并应有 $i=20\%$ 的向上坡度保证烟气流畅。 　　6）烟囱周围 0.5m 范围内不得有可燃物，烟囱不应穿越有易燃易爆物品的房间。 　　7）烟囱出口应设防雨罩，穿外墙及屋顶应作防水、隔热处理
5. 热水机组（真空机组）设计案例中的问题	工程案例图示见图 4-22。 错误图示剖析： 1. 冷水直接进真空锅炉 　　《建水规》5.4.13 条第 3 款规定："有第一循环的热水供应系统，冷水补给水管应接入热水贮水罐，不得接入第一循环的回水管、锅炉或热水机组。"条文中的第一循环即锅炉或热水机组与水加热器或贮热水罐之间组成的热媒或热水的循环系统。规范此条的理由是锅炉的炉膛是火焰直接的辐射受热面，其温度高达几百摄氏度，如冷水直接进炉对受热面的冷冲击太大，而影响其使用寿命，所以蒸汽锅炉均是软化处理后的冷水经换热后的凝结水两者混合后入炉，设有第一循环的热水锅炉或热水机组，冷水从贮水罐补水。这样有利于保护锅炉或热水机组。

常见问题	剖析与修正
	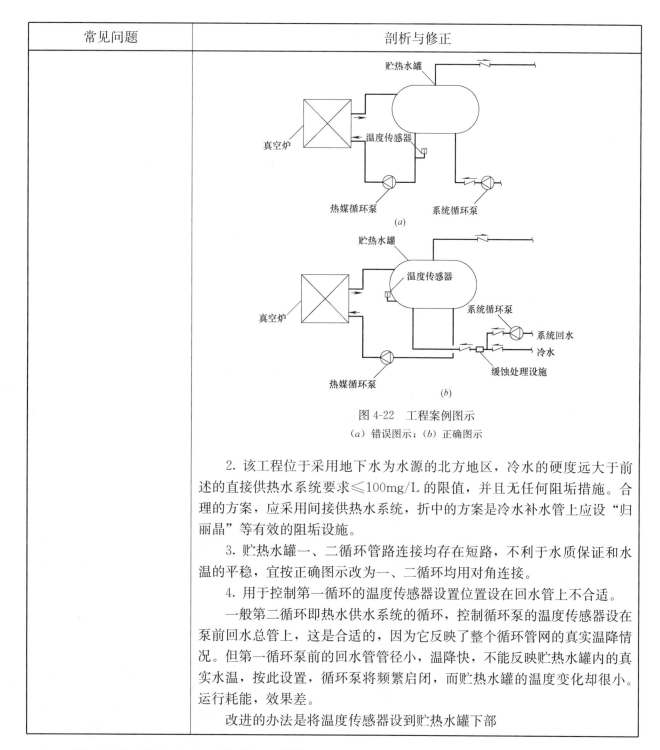
图 4-22　工程案例图示
(a) 错误图示；(b) 正确图示

2. 该工程位于采用地下水为水源的北方地区，冷水的硬度远大于前述的直接供热水系统要求≤100mg/L 的限值，并且无任何阻垢措施。合理的方案，应采用间接供热水系统，折中的方案是冷水补水管上应设"归丽晶"等有效的阻垢设施。

3. 贮热水罐一、二循环管路连接均存在短路，不利于水质保证和水温的平稳，宜按正确图示改为一、二循环均用对角连接。

4. 用于控制第一循环的温度传感器设置位置设在回水管上不合适。

一般第二循环即热水供水系统的循环，控制循环泵的温度传感器设在泵前回水总管上，这是合适的，因为它反映了整个循环管网的真实温降情况。但第一循环泵前的回水管管径小，温降快，不能反映贮热水罐内的真实水温，按此设置，循环泵将频繁启闭，而贮热水罐的温度变化却很小。运行耗能，效果差。

改进的办法是将温度传感器设到贮热水罐下部 |

4.3　供水泵、循环泵、管道、附件

4.3.1　热水供水泵、循环泵的选用

常见问题	剖析与修正
1. 分别选用泵组；	采用热水箱与热水供水泵联合供热水时，水泵的选择：以饱和蒸汽、城市热网或自设热水机组供应的热媒水等为常规热源的集中热水供应系统一般均直接利用相应给水系统的水压经水加热、贮热设备加热成热水后直接供应热水，这样有利于配水点处冷、热水压力的平衡。

常见问题	剖析与修正
2. 共用变频泵组，但水泵只有一用一备； 3. 同一标高处的热水供水泵恒压值为80m，给水泵的恒压值为70m	随着近年来太阳能、热泵热水系统的推广应用，为适应这两种非常规热源的供热工况，不少工程都采用热水箱配热水加热泵供应热水的方式，其供水系统如图4-23所示。 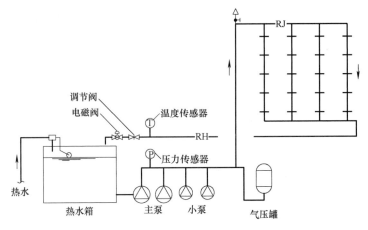 图4-23 热水箱配热水加压泵的供水系统图示 1）泵组选择： 图4-23所示系统的泵组兼有供水和循环两个功能，由于系统供水和循环有一天24h均间断运行的共同点，又有流量相差大的不同点，设计可依下述原则选泵： （1）供水、循环共用泵组，热水回水可作为一个用水点考虑，这样省泵、节能。 （2）泵组的流量和扬程可按供水泵选择，即按系统设计秒流量选泵，按设计秒流量＋循环流量校核泵组的流量与扬程。由于系统设计秒流量的连续时间一般均小于10min，而循环流量一般为设计秒流量的1/8～1/20，因此泵组按供水泵计算，其Q、H只要稍留有富裕即可满足系统的供水水量和水压的要求。 （3）泵组的搭配一般不宜小于3台，泵组的台数可参照本书3.3节变频调速泵组选择。当供水系统的设计小时流量与设计秒流量相差不大时（$q_h > 0.5q_s$）时，可选同型泵，三台泵为两用一备。反之，宜大、小泵搭配。大泵两台或三台，一用一备或两用一备，大泵按设计秒流量选泵用变频调速泵，小泵按稍大于循环流量选泵，用工频泵，由于系统有相当长的时间是不用水或少用水的工况，而循环则是一天24h有规律断续运行，运行时间长，因此，系统大部分时间均由小泵运行，避免了"大马拉小车"的不合理运行工况，具有较好的节能效果。 2）泵组由压力传感器控制，为了保证整个系统冷、热水压力的平衡，压力传感器的恒压值应与给水加压泵组一致，且设置的标高也应一致。 3）热水回水总管上设温度传感器、电磁阀和调节阀，温度感器设定启、闭电磁阀的温度可为热水箱供水温度－（10～5）℃如供水温度为55℃，则为45℃启阀，50℃闭阀。调节阀起调节循环流量之作用，使之不要过大，否则影响供水泵的正常工作

常见问题	剖析与修正
4. 循环泵 Q、H 过大，回水管径过大 1）同一供水系统给水泵 $Q＝3.7L/s$，热循环泵 $Q＝6.2L/s$，$H＝25m$；2）热水循环泵 $q_x＝3.9m^3/h$，$H＝30m$，回水干管 $DN100$	1. 热水循环系统的作用及循环流量和扬程的计算 　　热水循环系统的作用是弥补系统供水管网的热损失，保证系统各用水点用水时能尽快放出热水。因此循环流量是弥补供水管网热损耗所需的流量，它要比设计小时用水量小得多。一般热水系统在保温较好的条件下经计算的循环流量均为设计小时热水量的 $10\%\sim15\%$，按《建水规》5.5.5 条计算的循环流量约为设计小时流量的 $25\%\sim30\%$，本书 4.1 节也对循环流量作了一些更具体的规定。 　　循环泵的扬程用来克服循环流量通过循环管道产生的阻力损失，由于供水管是按设计秒流量选的管径，因此，循环流量流通时流速很低，即阻力很小，经水力计算一般循环系统的阻力损失 $<10m$。 　　根据上述循环泵计算流量和扬程的分析，选择循环泵时，除特殊情况外，一般单体建筑集中热水供应系统的循环泵按循环流量 $q_{xh}＝(0.15\sim0.25)Q_{rh}$（设计小时热水量），$H\leqslant10m$，对于小区集中热水供应系统 $q_x＝(0.20\sim0.30)Q_{rh}$，$H\leqslant15m$。其具体取值应经水力计算或按本书 4.1.2 问题 10 的剖析确定。 　　2. 循环流量扬程过大引起的问题 　　集中热水供应系统的管网具有供水、循环双重作用和两种不同的运行工况，因此，系统设计应兼顾两种工况的合理运行。循环系统工作时亦有动态（用水）和静态（不用水）两种工况，供水系统设计的要点是冷热水压力的平衡，一般采取冷热水同区供水，但实际运行时循环泵工作与否会对热水供水产生压力波动，即循环泵运行，增加热水供水压力，停泵时，此增压又消失。因此，如循环泵的 q_{xh}、H 过大将加大热水供水压力的波动，破坏用水点处冷热水压力的平衡，不仅影响用水的舒适度，还可能造成烫伤人的安全隐患。另外，循环泵 q_{xh}、H 过大以及泵的频繁启、停均增大能耗。 　　3. 热水回水管管径应与循环流量相应 　　热水供水管是按供水设计秒流量计算选管径，而回水管按约 $15\%\sim30\%$ 设计小时用水量选管径，二者流量相差很大，因此，回水管管径一般要比相应供水管管径小 2~3 号。如热水供水管为 $DN100$，回水管可为 $DN50\sim DN65$。如问题中的 $q_x＝3.9m^3/h$，选用 $DN100$ 管径，流速 $V＝0.13m/s$。热水管流速一般为 $V＝0.6\sim1.0m/s$。如流速太低不仅浪费管材增大能耗，而且不利于循环系统阻力的平衡，易产生短路循环

4.3.2　局部热水器的设置

常见问题	剖析与修正
1. 住宅未预留安装热水设施的条件；	住宅应设计热水供应设施 　　国家标准《住宅设计规范》GB 50096—2011 中 8.2.4 条规定："住宅应设置热水供应设施或预留安装热水供应的条件。" 　　住宅建筑设计中，设有几种热水供应系统，设计应有说明、系统图、设备间和卫生间放大图等全套设计文件。

常见问题	剖析与修正
2. 燃气热水器的选型与设置位置不当	住宅设局部热水供应时，除说明应明确选用热水器类型等外，平面图或卫生间局部放大图应预留热水器位置及给水连接件。 　1）选用电热水器应注意事项： 　（1）向电专业提电量； 　（2）电热水器应安装在承重墙上； 　（3）选用产品应符合产品标准要求； 　（4）接地措施供电插座、电气线路均应符合安全、防火要求，当电热水器安装在浴室时，插座应与淋浴喷头合设在电热水器的两侧。 　2）选用燃气热水器应注意事项： 　（1）建水规 5.4.5 作为强条规定："<u>燃气热水器、电热水器必须带有保证使用安全的装置。严禁在浴室内安装直接排气式燃气热水器等在使用空间内积聚有害气体的加热设备</u>"。 　根据条文规定，设计不得选用直排型燃气热水器。 　（2）燃气热水器应选择有外窗的房间安装，以便万一发生燃气爆炸时，通过外窗泄爆，减少火灾和爆炸的危害。 　（3）燃气热水器的选型计算及安装使用注意事项详见国家标准图《热水器选用与安装》08S126 及《建筑给水排水设计手册》（第二版）上册第 4 章建筑热水 4.5.4 节

4.3.3　管材选用

常见问题	剖析与修正
1. PPR 或钢塑管未注明热水用管	1. 有关标准对热水用管材的相关规定： 　1）《建水规》5.6.1 条； 　2）《建水规》5.6.2 条； 　3）国家推荐性标准《建筑给水聚丙烯管道工程技术规范》GB/T 50349—2005 4.1.1 条规定。 　2. 如何选用 PPR、钢塑管等热水用管材，详见本书 3.5-1 条的第 2 款
2. 与热水器相连的热水管采用塑料管或钢塑管	《建水规》3.5.3 条规定：与热水器直接相连的管段不应用塑料给水管或钢塑管，主要是热水器出口接管处是温度最高处，而塑料管即便是热水型塑料管其耐高温也远不如金属管道，当其经常处于高温状态时易很快老化而破坏。衬塑或镀塑的钢塑管也存在类似问题，塑料层易老化脱落，继而堵塞管道

4.3.4　热水用阀件

常见问题	剖析与修正
1. 疏水器 　1）热媒为蒸汽时水加热或用汽设备的凝结水管上未装疏水器；	1. 疏水器的作用 　疏水器又名隔汽具，安装在以蒸汽为热媒的水加热器的凝结水出水管或用汽设备、蒸汽管道的低处，如图 4-24、图 4-25 所示。 　疏水器的作用，类同排水系统的水封，即及时排走蒸汽冷凝后的凝结

常见问题	剖析与修正
2）疏水器旁设旁通管； 3）水—水换热的水加热器热媒水出水管上也装疏水器	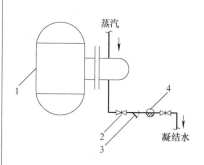 图 4-24　水加热器或用汽设备 疏水器连接示意图 1—水加热器或用汽设备；2—闸门； 3—过滤器；4—疏水器 图 4-25　蒸汽管下凹处 疏水器连接示意图 水，阻挡蒸汽，以使蒸汽在运行中不与凝结水撞击，通畅流动。因此，只有汽-水换热时水加热器的热媒出口管才需装疏水器，水—水换热时不应装。 　　2. 疏水器的选型详见《建筑给水排水设计手册》（第二版）4.8.4 节。 　　3. 注意事项： 　　1）疏水器处一般不宜装旁通管，防止疏水器出故障时使用旁通，运行时，蒸汽不能阻断，随凝结水一起排除，浪费能源，且污染环境。对于使用时不能停止运行的设备可以设两组疏水器并联使用。 　　2）在下列条件下疏水器后应设止回阀： 　　（1）疏水器后有背压或凝结水管抬高时； 　　（2）不同压力的凝结水管接在同一母管时。 　　由于蒸汽在运行中随着用户的变化、压力波动很大，如疏水器后有背压或凝结水管抬高时，有可能背压或凝结水管水柱压力大于疏水器前的压力，凝结水倒流至蒸汽管，产生水汽相撞，破坏用汽设备的工作。 　　另外在设计选用水加热器时，尽量选同一型号的设备并联使用，当选用不同型号的水加热器并联时，由于换热管束不同流程不等长等原因，虽然同一蒸汽母管但流经换热管束阻力不同，凝结水出水的压力亦不同，因此，应在各自凝结水管的疏水器后设上止回阀。 　　（3）疏水器排出的冷凝水应排至冷凝水箱，经水泵或回收装置流回锅炉补水设施，不应排至下水道。否则将污染环境，浪费能源。同时，凝结水即经深度软化的水，其制水成本约为自来水的 50 倍以上，因此将其排放也很不经济
2. 放气阀、泄水阀 1）漏设； 2）重设	1. 集中热水供应系统的干、立管顶均需加放气阀。《建水规》5.6.4 条规定"上行下给式配水干管最高点应设排气装置，下行上给式配水系统，可利用最高配水点放气，系统最低点应设泄水装置。"热水系统运行时，由于热水在管道内不断析出溶解氧及二氧化碳等气体，会使管内积气，如不及时排除，不但阻碍管道内的水流还会加速管道内壁的腐蚀。因此《建水规》规定了热水系统的立管顶应设自动排气阀，下行上给式系统从理论

常见问题	剖析与修正
	上讲虽可以利用最高用水点排气，但如最高用水点不经常使用，例如：最高层住户白天无人或全家外出，甚至最高层无人居住时则无法利用最高用水点用水时排气，据此，2016 年版《建水规》修编时将删除 5.6.4 条中"下行上给配水系统，可利用最高配水点放气"的内容。 2. 热水横干管上凸处顶部应加放气阀，下凹处底部应加泄水阀，如图 4-26 所示。下凹处加泄水阀是为了管段检修时能放空水。 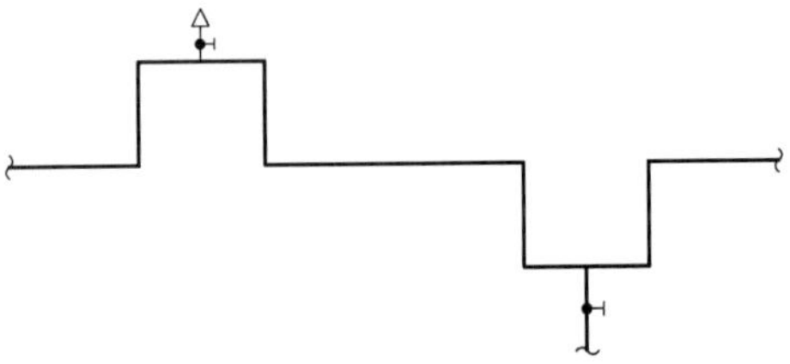 图 4-26　横管上凸下凹处设放气阀、泄水阀示意图
3. 安全阀 1）安全阀前加阀门； 2）泄水未泄至安全处	《建水规》3.4.12 条规定："安全阀阀前不得设置阀门，泄压口应将连接管道泄压水（气）引至安全地点排放"5.6.10······压力容器设备应装安全阀，安全阀的接管直径应经计算确定，并应符合锅炉及压力容器的有关规定，安全阀的泄水管应引至安全处且在泄水管上不得装设阀门。" 1. 安全阀的作用 用于热水系统的安全阀主要是防止热水在升温过程中产生膨胀引起密闭热水系统压力增高而破坏水加热设备和系统设施。 2. 安全阀设置部位： 1）水加热器的顶部，导流型容积式水加热器、半容积式水加热器应按压力容器要求制造和监检。其中安全阀是必装的部件； 2）当水加热设备采用快速水加热器配热水贮水罐制备热水时，贮热水罐顶部亦应装安全阀； 3）安全阀前后管段上不得装阀门，以防阀门误关时，安全阀不起作用。 3. 安全阀的选型及泄水压力 1）安全阀的选型、计算等详见《建筑给水排水设计手册》（第二版）4.8 节。 2）用于水加热器的安全阀均由水加热器自配其口径按热媒管上的温控阀完全失效时，需及时排走热媒（饱和蒸汽或高温热水）继续运行引起水加热器内水温升高的膨胀量。例如一个 $V = 5m^3$ 的水加热器，汽-水换热产热水量为 $20m^3/h$，0.4MPa 饱和蒸汽耗量为 1500kg/h；当蒸汽管上温控阀失灵时，需排走水加热器内的膨胀水量约为 400kg/h，按此选择安全阀的口径约 $DN25 \sim DN32$。水—水换热时，类似以上工况，安全阀口径还可以小一号。 因此，用于热水系统的安全阀其口径应按相应的热水出水管或热媒管管径选择，一般可小 3～4 号。

4.3.5 附件

常见问题	剖析与修正
1. 伸缩器 1) 漏设； 2) 仅在设计说明中说明； 3) 设置不正确	1. 伸缩器的作用 热水管道随热水温度的升降而产生伸缩，如果这个伸缩量得不到补偿，将会使管道承受很大的压力，从而使管道弯曲、位移、连接处开裂漏水，因此直线管段较长的热水管每隔一定距离应设伸缩器。 2. 设计文件对伸缩器的表达方式： 本书 1.2 的问题 4 中，以热水管道上的伸缩器固定支架设置为例，指出不能以说明代替图纸，即： 1) 立管上的伸缩器应在系统图中表示； 2) 横管上的伸缩器应在平面图中表示； 3) 设计说明及材料表中列出伸缩器的类型、材质、伸缩量、工作压力。 3. 伸缩器的设置间距与相应管道材质有关，其选择设计计算等参见《建筑给水排水设计手册》（第二版）4.8.3 节。 4. 注意事项 1) 不宜选用橡胶管接头作为伸缩节。橡胶管接头的优点是伸缩量大，如选用它可减少伸缩节数量，但橡胶对温度敏感，易老化，由于热水管道敷设大多为暗设，如橡胶管接头老化开裂产生漏水难以发现和维修，因此，金属热水管上的伸缩器宜采用不锈钢波纹伸缩节。 2) 波纹伸缩节应与固定支架配套设置，固定支架的作用：一是限定管段的伸缩范围，使在该管段内的引出支管摆动范围小；二是限制波纹伸缩节的伸缩量，减小其承受的管道荷载。 3) 波纹伸缩节宜靠近固定支架，不宜设在两个固定支架的中间，否则伸缩节承受的力矩大，影响其使用寿命。波纹伸缩节安装如图 4-27 所示。 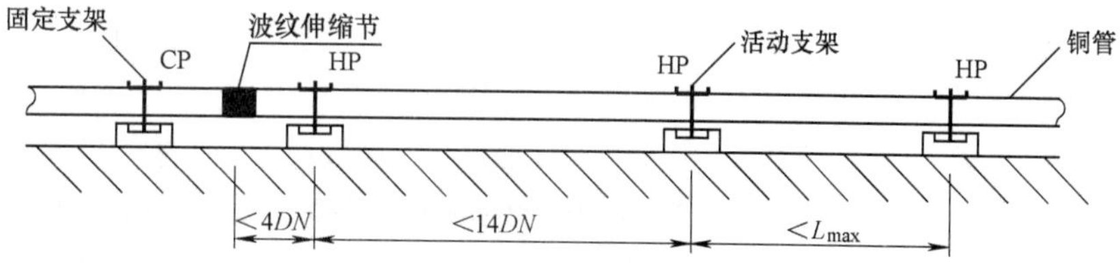 $<L_{max}$ —— 可按管道相应支架间距确定 图 4-27　波纹伸缩节安装示意图
2. 分水器、集水器 1) 设分水器，不设集水器； 2) 分水器 DN 及连接管布置不符合相关要求	1. 分、集水器的作用及设置要求： 集中热水供应系统设分、集水器的作用是当该系统供给多个部门用热水时有助于合理分配热水供水，有助于调节和保证系统的循环效果。分、集水器一般均设在水加热间内，其设置高度应方便操作人员关、停和检修其接管上的闸门。 2. 分、集水器应配套设置，否则它达不到上述合理分配热水供水和调节保证循环效果的目的。 3. 分、集水器的构造要求如图 4-28 所示。

常见问题	剖析与修正

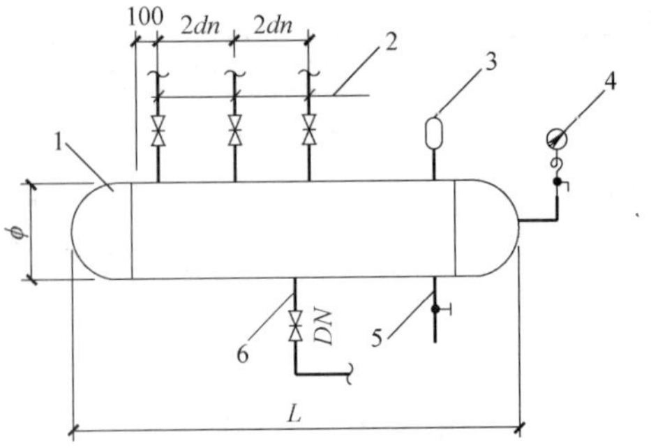

图 4-28　分、集水构造示意图

1—分（集）水器；2—供水（回水）分干管；3—温度计；

4—压力表；5—泄水阀；6—供水（回水）干管

注 1. $\Phi \geqslant 2DN$　$L \approx 600 + 2(n-1)dn$

　　2. DN——供水（回水）管管径；

　　　　n——供水（回水）分干管根数；

　　　　dn——分干管（最大者）管径

常见问题	剖析与修正
3. 膨胀罐 　1）设置位置不对； 　2）接管上设阀门； 　3）闭式太阳能系统的膨胀罐未提材质耐高温要求	1. 膨胀罐的作用 　　闭式集中热水供应系统设膨胀罐的作用类同安全阀，是保证系统安全运行的必要附件，它与安全阀不同之处在于安全阀是排泄系统因温升产生的膨胀水量；而膨胀罐则是通过罐内的贮气室气体的收缩吸收系统的膨胀水量，使系统在设定的最大允许压力值范围内不泄水，达到节水节能之目的。 　　2. 热水系统所用的膨胀罐大多为内衬橡胶隔膜或胶囊的气压罐，宜在低温下运行以防橡胶老化延长其使用寿命。因此膨胀罐宜安装在热水回水管上，而不宜装在热水供水管上。 　　3. 膨胀罐与回水管之连接短管上不得安装阀门，以防阀门误关，膨胀罐失效。《建水规》5.4.20 条"膨胀管上严禁装设阀门"的强制性条文亦包含了膨胀罐前不得设阀门的内容。 　　4. 用于闭式太阳能集热系统的膨胀罐需承受近 200℃ 的高温，因此其内的隔膜或胶囊应用耐此高温的材料制作，否则，罐内隔膜或胶囊损坏，膨胀罐失去作用。当高温材质难以满足时，宜改闭式系统为开式系统，这样集热系统内的温度就能降到 <100℃

4.3.6　管道敷设

常见问题	剖析与修正
1. 立管与干管直接用三通连接； 2. 热水干管敷设无坡度	1. 热水管干、立管连接的图示见图 4-29： 　1）图 4-29（a）为错误图示，错点在于：干、立管采用三通直接连接，连接处无伸缩余量，尤其是当立管管段较短、中间又未设伸缩节时，立管在运行中由热水温升产生的膨胀力无处释放，将易引起管段振动和损伤管道。 　2）图 4-29（b）、（c）均为正确的连接方式，当布管空间有条件时，

常见问题	剖析与修正
	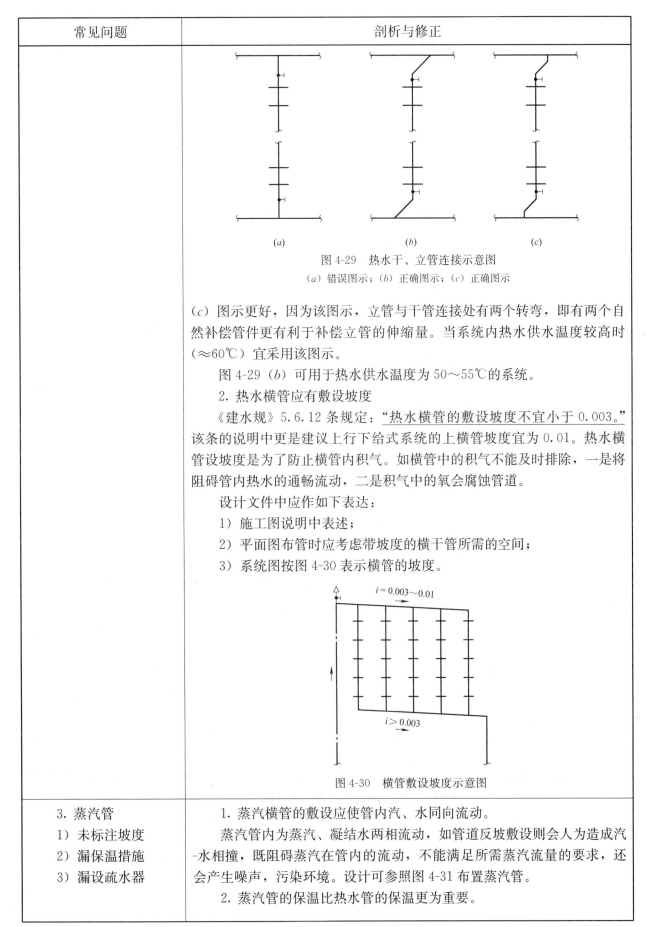 图 4-29 热水干、立管连接示意图 (a) 错误图示；(b) 正确图示；(c) 正确图示 (c) 图示更好，因为该图示，立管与干管连接处有两个转弯，即有两个自然补偿管件更有利于补偿立管的伸缩量。当系统内热水供水温度较高时（≈60℃）宜采用该图示。 图 4-29 (b) 可用于热水供水温度为 50~55℃的系统。 2. 热水横管应有敷设坡度 《建水规》5.6.12 条规定："热水横管的敷设坡度不宜小于 0.003。"该条的说明中更是建议上行下给式系统的上横管坡度宜为 0.01。热水横管设坡度是为了防止横管内积气。如横管中的积气不能及时排除，一是将阻碍管内热水的通畅流动，二是积气中的氧会腐蚀管道。 设计文件中应作如下表达： 1）施工图说明中表述； 2）平面图布管时应考虑带坡度的横干管所需的空间； 3）系统图按图 4-30 表示横管的坡度。 图 4-30 横管敷设坡度示意图
3. 蒸汽管 1）未标注坡度 2）漏保温措施 3）漏设疏水器	1. 蒸汽横管的敷设应使管内汽、水同向流动。 蒸汽管内为蒸汽、凝结水两相流动，如管道反坡敷设则会人为造成汽-水相撞，既阻碍蒸汽在管内的流动，不能满足所需蒸汽流量的要求，还会产生噪声，污染环境。设计可参照图 4-31 布置蒸汽管。 2. 蒸汽管的保温比热水管的保温更为重要。

常见问题	剖析与修正
	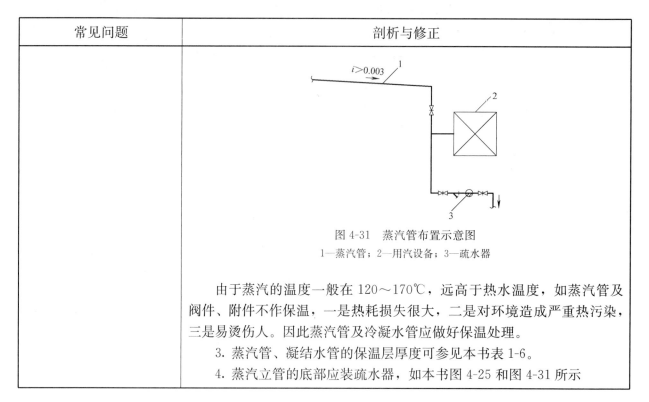 图 4-31 蒸汽管布置示意图 1—蒸汽管；2—用汽设备；3—疏水器 　　由于蒸汽的温度一般在 120~170℃，远高于热水温度，如蒸汽管及阀件、附件不作保温，一是热耗损失很大，二是对环境造成严重热污染，三是易烫伤人。因此蒸汽管及冷凝水管应做好保温处理。 　　3. 蒸汽管、凝结水管的保温层厚度可参见本书表 1-6。 　　4. 蒸汽立管的底部应装疏水器，如本书图 4-25 和图 4-31 所示

4.4　太阳能、热泵热水系统

4.4.1　太阳能热水系统

常见问题	剖析与修正
1. 未明确供热水范围； 　　2. 系统选择不合理； 　　3. 设计参数缺或不全； 　　4. 设计参数选择有误； 　　5. 图面深度不够	1. "首页"设计说明中太阳能热水系统应说明的内容： 　　1) 太阳能热水系统供水范围及系统形式 　　（1）太阳能热水系统受太阳能集热器布置、当地政府要求、业主要求等多因素的制约，其供热水范围不同的工程是不一样的，如高层住宅由于屋面面积小，集热器总面积不能满足全楼的热水供应，一般只考虑高区或高层几层设集中集热的太阳能热水系统。 　　（2）根据建筑类型、冷水硬度、系统冷热水压力平衡要求等条件合理选择系统形式。 　　对于设计如何合理选择太阳能热水系统，2016 年版《建水规》征求意见稿作了下列规定："6.6.3　太阳能热水系统的选择应遵循下列原则： 　　1　公共建筑宜采用集中集热、集中供热太阳能热水系统。 　　2　住宅类建筑宜采用集中集热、分散供热太阳能热水系统或分散集热、分散供热太阳能热水系统。 　　3　小区设集中集热、集中供热太阳能热水系统或集中集热、分散供热太阳能热水系统时应符合本规范 6.3.6 条的相关要求。太阳能集热系统宜按分栋建筑设置，当需合建系统时，宜控制集热器阵列总出口至集热水箱的距离不大于 300m。 　　4　太阳能热水系统应根据冷水水质硬度、冷热水压力平衡要求及有利于延长太阳能集热器使用寿命等经比较确定用直接太阳能热水系统或间接太阳能热水系统。

常见问题	剖析与修正

5 太阳能热水系统应根据集热器类型及其承压能力、集热器布置方式、运行管理条件等经比较采用闭式太阳能集热系统或开式太阳能集热系统。开式太阳能系统宜采用集热、贮热、换热一体间接预热承压冷水供应热水的组合系统。"

6 集中集热、分散供热太阳能热水系统采用由集热水箱或由集热、贮热水箱的组合系统直接向分散带温控的快速热水器供水且至最远快速热水泵热水管总长≤20m 时，热水供水系统可不设循环管道。"

2）主要设计参数：

（1）集热器总面积及其计算所需的参数

① 主要参数

a. 供水人参数或单位数；

b. 用水定额；

c. 太阳能保证率；

d. 平均日太阳能辐照量；

e. 集热器总面积。

② 2016 年版《建水规》征求意见稿对计算太阳能集热器总面积的各参数作了如下规定：

6.6.1 太阳能集热系统集热器总面积的计算应符合下列要求：

1. 直接系统的集热器总面积按下式计算：

$$A_{jz}=\frac{Q_{md}f}{b_j J_t \eta_j (1-\eta_l)} \qquad (6.6.1\text{-}1)$$

式中 A_{jz}——直接系统集热器总面积（m²）；

Q_{md}——平均日耗热量（kJ/d）按 6.6.2-1 式计算；

f——太阳能保证率按 6.6.2 条第 3 款选取；

b_j——集热器面积补偿系数，按 6.6.2 条第 4 款选取；

J_t——集热器总面积的平均日太阳辐照量（kJ/(m²·d)）；

η_j——基于集热器总面积的年平均集热效率，按 6.6.2 条第 5 款选取；

η_l——基于集热系统的热损失，按 6.6.2 条第 6 款选取。

2. 间接系统的集热器总面积按下式计算：

$$A_{jj}=A_{jz}\left(1+\frac{U_L \cdot A_{jz}}{KF_{jr}}\right) \qquad (6.6.1\text{-}2)$$

式中：A_{jj}——间接加热集热器总面积（m²）；

U_L——集热器热损失系数（kJ/(m²·℃·h)），平板型可取 14.4～21.6kJ/(m²·℃·h)；真空管型可取 3.6～7.2kJ/(m²·℃·h)，具体数值根据集热器产品的实测结果确定；

K——水加热器传热系数 [kJ/(m²·℃·h)]；

F_{jr}——水加热器加热面积（m²）。

6.6.2 太阳能热水系统主要设计参数的选择应符合下列要求：

1. 太阳能热水系统的设计热水用水定额按 6.2.1-1 平均日热水用水定额选取。

常见问题	剖析与修正

	2. 平均日耗热量按下式计算：
	
	$$Q_{md} = q_{mr} m b_1 C \rho_r (t_r - t_L^m)(kJ/d) \qquad (6.6.2-1)$$
	
	式中 q_{mr}——平均日热水用水定额（L/（人·d），L/（床·d））见表 6.2.1-1；
	
	      m——计算用水人数；
	
	      b_1——同日使用率（住宅建筑为入住率）的平均值应按实际使用工况确定，当无条件时可按下表取值。

不同类型建筑的 b_1 值   表 6.6.2-1

建筑物名称	b_1
住宅	0.5～0.9
宾馆 旅馆	0.3～0.7
宿舍	0.7～1.0
医院、疗养院	0.8～1.0
幼儿园、托儿所、养老院	0.8～1.0

注：分散供热、分散集热热水供应系统的 $b_1 = 1$。

    t_L^m——年平均冷水温度（℃），可参照城市当地自来水厂年平均水温值计算。

3. 太阳能保证率 f 应根据当地的太阳能辐照量、系统负荷的稳定性、经济性及用户要求等因素综合确定。并符合下列要求：

集中热水系统的 f 按下表取值

太阳能集中热水系统的 f 值   表 6.6.2-2

年太阳能辐照量（MJ/（m²·d））	$f(\%)$
≥6700	60～80
5400～6700	50～60
4200～5400	40～50
≤4200	30～40

注：1. 宿舍、医院、疗养院、幼儿园，托儿所、养老院等系统负荷较稳定的建筑取表中上限值，其他类建筑取下限值；
    2. 分散集热、分散供热系统可按表中上限值。

    4. 集热器总面积补偿系数 b_j 应根据集热器的布置方位及安装倾角确定。当集热器朝南布置的偏离角≤15℃，安装倾角为当地纬度 $\psi \pm 10°$ 时，$b_j = 1$，当集热器布置不满足上列要求时应按照《民用建筑太阳能热水系统应用技术规范》GB 50364 的规定进行集热器面积的补偿计算。

    5. 集热器总面积的平均集热效率 η_j 应根据经过测定的基于集热器总面积的瞬时效率方程在归一化温差为 0.03 时的效率值确定。分散集热、分散供热系统的 η_j 经验值为 40%～70%；集中集热系统的 η_j 还应考虑系统形式、集热器类型等因素的影响，经验值为 30%～45%。

    6. 集热系统的热损失 η_L 应根据集热器类型、集热管路长短、集热水箱（罐）大小及当地气候条件、集热系统保温性能等因素综合确定，经验

常见问题	剖析与修正

值为：集热器或集热器组紧靠集热水箱（罐）者 $\eta_1 = 15\% \sim 20\%$，集热器或集热器组远离集热水箱（罐）者 $\eta_1 = 20\% \sim 30\%$。

热水用水定额　　　　　　　　　　　　　　　　　表 6.2.1-1

序号	建筑物名称			单位	用水定额(L)		使用时间(h)
					最高日	平均日	
1	住宅	Ⅱ	有热水器和沐浴设备	每人每日	40～80	20～60	24
		Ⅲ	有集中热水供应和沐浴设备		60～100	25～70	24
2	别墅			每人每日	70～110	30～80	24
3	酒店式公寓			每人每日	80～100	65～80	24
4	宿舍 居室内设卫生间 设公用盥洗卫生间			每人每日 每人每日	70～100 40～80	40～55 35～45	24 或定时供应
5	招待所、培训中心、普通旅馆 设公用盥洗室 设公用盥洗室、淋浴室、 设公用盥洗室、淋浴室、洗衣室 设单独卫生间、公用洗衣室			每人每日 每人每日 每人每日 每人每日	25～40 40～60 50～80 60～100	20～30 35～45 45～55 50～70	24 或定时供应
6	宾馆　客房 　旅客 　员工			每床位每日 每人每日	120～160 40～50	110～140 35～40	24
7	医院住院部 　设公用盥洗室 　设公用盥洗室、淋浴室 　设单独卫生间 医务人员 门诊部、诊疗所 病人 （医务人员） 疗养院、休养所住房部			每床位每日 每床位每日 每床位每日 每人每班 每病人每次 每床位每日 每病人每次 每人每班 每床每位每日	60～100 70～130 110～200 70～130 7～13 100～160 7～13 40～60 100～160	40～70 65～90 110～140 65～90 3～5 90～110 3～5 30～50 90～110	24 24 24 8 24 8～12 8 24
8	养老院、托老所 全托 日托			每床位每日	50～70 25-40	45～55 15～20	24
9	幼儿园、托儿所 　有住宿 　无住宿			每儿童每日 每儿童每日	25～50 20～30	20～40 15～20	24 10
10	公共浴室 　淋浴 　淋浴、浴盆 　桑拿浴(淋浴、按摩池)			每顾客每次 每顾客每次 每顾客每次	40～60 60～80 70～100	35～40 55～70 60～70	12
11	理发室、美容院			每顾客每次	20～45	20～35	12
12	洗衣房			每公斤干衣	15～30	15～30	8

续表

序号	建筑物名称	单位	用水定额(L)		使用时间(h)
			最高日	平均日	
13	餐饮业 中餐酒楼 　快餐店、职工及学生食堂酒吧、咖啡厅、茶座、卡拉OK房	每顾客每次 每顾客每次 每顾客每次	15~20 10~12 3~8	8~12 7~10 3~5	10~12 12~16 8~18
14	办公楼 坐班制办公 公寓式办公 酒店式办公	每人每班 每人每日 每人每日	5~10 60~100 120~160	4~8 25~70 55~140	8~10 10~24 24
15	健身中心	每人每次	15~25	10~20	12
16	体育场(馆) 运动员淋浴	每人每次	17~26	15~20	4
17	会议厅	每座位每次	2~3	2	4

注：1. 表内所列用水定额均已包括在本规范表3.2.9、表3.2.10中；
　　2. 本表以60℃热水水温为计算温度，卫生器具的使用水温见表6.2.1-2；
　　3. 学生宿舍使用IC卡计费用热水时，可按每人每日用热水定额25~30L，平均日用水定额，每人每日20~25L；
　　4. 表中平均日用水定额仅用于计算太阳能热水系统集热器面积和计算节水用水量。

（2）辅助热源条件、参数：

太阳能热水系统一般均应设辅助热源且应按无太阳能时正常供应热源，其主要设计计算可参照本书4.2.2节。

（3）当需二次设计时，应明确设计分工范围：一般太阳能热水系统涉及核心产品太阳能集热器的选择及其布置，而这些均与太阳能企业密切相关，因此，在施工图设计阶段未能明确具体产品的条件下，太阳能集热系统均需进行二次深化设计。

太阳能热水系统包括集热系统和供热系统。其具体施工图设计与深化设计的分工宜为：

① 热水部分设计内容

a. 确定系统集、供热系统形式；

b. 负责从辅热系统到供热、循环系统的全部设计；

c. 提供前述的集热系统深化设计所需的主要参数；

d. 根据拟采用的集热系统在屋面初步布置太阳能集热器，核实实际布置总面积是否满足计算集热器总面积的要求；

e. 向结构专业提集热器荷载，向电专业提用电量；

f. 对集热系统提出集热效率、材质及防爆、防过热、防冻、防雷击等安全要求；

g. 明确二次深化设计图应经设计审定。

注：以上a、b、e款在施工图中体现。

② 外包二次深化设计内容：

a. 集热系统图，集热器平面布置及连接管路附件施工详图；

b. 集热水箱（罐）、循环水泵设备用房大样图；

常见问题	剖析与修正
	c. 设备材料表及自动控制等相关说明。 2. "设备及主要材料表"中应含内容： 1) 太阳能集热器类型、总面积； 2) 集热水箱（罐）或集热水加热器、集热循环泵、膨胀罐及主要阀件。 3. "施工图"内容 1) 太阳能热水系统总系统图，其中集热系统由二次深化设计时，可按流程图示意表示，并在图中注明集热系统由二次深化设计完成。供热系统则应按施工图深度设计表达。 2) 屋面初步布置集热器，并向结构专业提荷载、向电气专业提供用电量资料。 3) 预留好集热系统用的设备用房和给水排水条件。 4) 当住宅采用集中集热、分散供热系统时，预留好分户集热辅热水罐位置及集热供、回水立管或预留好集热供、回水立管的位置

4.4.2 设计案例

常见问题	剖析与修正
1. 太阳能分散集热、分散供热系统的集热水罐中辅热位置不当	1. 图 4-32（a）错误在于电热元件位于集热罐上部，当无太阳能而由辅热供热水时，由于电热元件只能加热其上部很少的冷水，元件之下无法加热，而电热元件的功率一般 1.5～2.0kW，满足不了即时加热供给淋浴 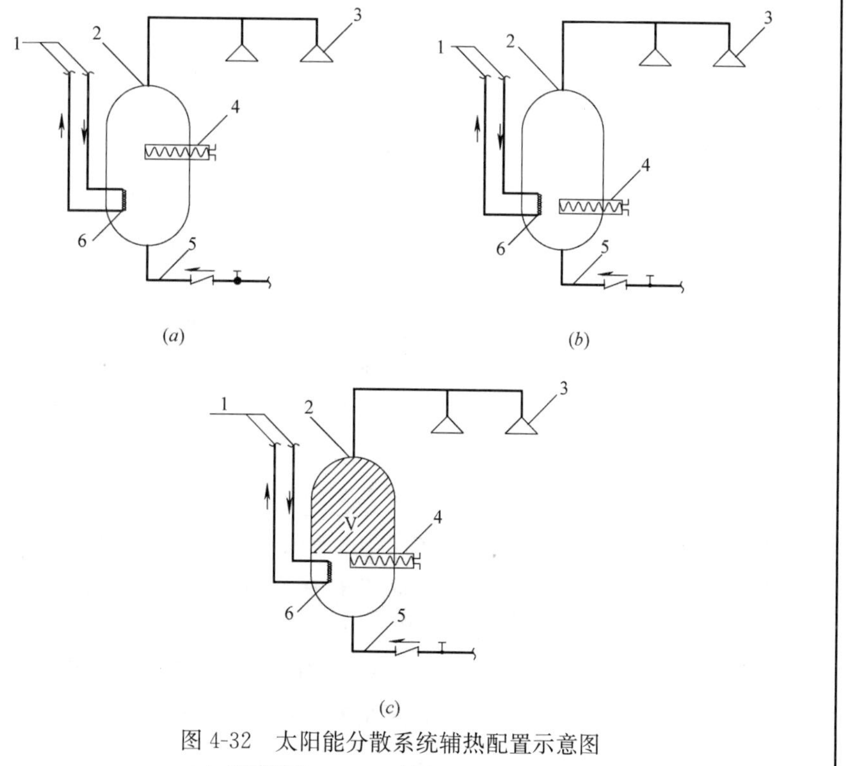 图 4-32 太阳能分散系统辅热配置示意图 （a）错误图示；（b）正确图示；（c）正确图示 1—接集热器供、回水管；2—集热水罐；3—淋浴器； 4—电热元件（辅热）；5—冷水管；6—换热盘管

常见问题	剖析与修正
	用水之要求，因此，开启淋浴器很快就出冷水。 2. 改进的措施如图 4-32（b）、（c）所示。 1）将电热元件下移，使其上有足够的贮热容积，使用前，先接通电热元件将罐内水预热至设定温度，用水时，贮热水和电热元件加热联合供水可满足使用要求。 2）如图 4-32（b）所示，太阳能换热盘管占地大，无法将电热元件下移时，则要加高集热罐，保证电热元件之上有满足用水要求的贮热容积
2. ××工程太阳能热水系统招标图中，太阳能热源与辅热共水加热器供热问题	1. 招标图中设计太阳能集热水加热器如图 4-33 所示： 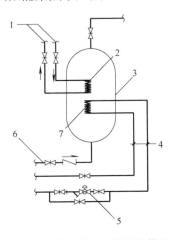 图 4-33　太阳能集热水加热器连管示意图 1—接集热器供、回水管；2—集热换热盘管；3—导流型容积式水加热器； 4—辅热热媒水供回水管；5—温控阀组；6—冷水补水；7—辅热换热盘管 设备材料表中水加热器资料为： 总容积 $V=6m^3$，供热量 $Q_h=800kW$ 太阳能集热器总面积 $A_{ij}=300m^2$，辅助热源为 70～90℃ 热媒水。 2. 案例分析： 集热、贮热共用一个水加热器存在的问题： 1）水加热器贮热容积的计算误差很大 由于太阳能热源是一种低密度、不稳定、不可控的非常规热源，所以水加热器贮热容积是按日计算，为此《建水规》5.4.2A 中规定："<u>直接供水系统 $q_{rjd}=40～100L/(m^2·d)$；间接供水系统 $q_{rjd}=30～70L/(m^2·d)$</u>"。而作为辅热的常规热源，按《建水规》5.4.10 规定，对于导流型容积式水加热器和半容积式水加热器热媒为 ≤95℃ 热媒水时，其贮热容积为 $20～40minQ_h$。 按上述规定和该项目招标图中提供的供热量和辅热条件核算，可以确定，其水加热器容积 $V=6m^3$ 是按辅助热源计算确定的，而按太阳能集热器总面积 $A_{ij}=300m^2$，间接供水计算，水加热器容积 $=9～21m^3$（取 $15m^3$）。即太阳能与辅热共水加热器时，其贮热容积相差 $15/6=2.5$ 倍。如工程按此安装运行，其后果之一是，太阳能只利用了约 40%。

常见问题	剖析与修正
	2）太阳能热源利用率极低
	太阳能与辅热共用水加热器实际运行时，由于辅热为70～90℃热媒水，为高密度热源，由罐内温包处水温控制热媒管上的温控阀启、闭，即罐内辅热换热盘管之上的水经常保持在设定温度。而辅热盘管之下的水虽然不能通过辅热换热盘管直接加热，但由于集中热水系统带机械循环，在一天的大部分时间内通过循环系统，水加热器下部的冷水上升被加热输送主循环管道，最后循环管道中降温的热水返回水加热器，因此水加热器内的全部水均为热水，只是存在上、下区之间的温差。
	位于水加热器下部的太阳能集热换热盘管是依据水加热器内水温与集热器内水温之温差来运行的，而太阳能集热器的集热效率与此温差密切相关。即水加热器内水温越低，集热器集取的低温热媒水的热量越能得到充分利用，太阳能集热效率越高。
	该案例中水加热器内水经常处于较高水温状态，即大大减少了太阳能集热系统的集热换热时间，其热量得不到有效利用，同时集热效率也急剧下降。
	3）有损太阳能集热器使用寿命
	由于太阳能集热器集取的热量得不到充分利用，尤其是当日照条件很好时，热媒水温度高，但水加热器内水温规定不得超过70℃，一般设定为60℃，否则供水不安全。这样高温热媒水热量不能及时传出，其温度可上升至约200℃，极易形成气堵、爆炸，并损失管道、管件及阀件。
	4）换热面积很大，水加热器布管很困难
	太阳能热源集热换热过程是循环加热，而以蒸汽、锅炉热媒水为热媒的换热是一次加热。因此，计算水加热器换热面积的计算温度差 Δt_j 相差很大，前者的 $\Delta t_j=5～10℃$，后者的 $\Delta t_j=30～70℃$；如本项目按所提参数计算水加热器换热面积时，太阳能集热所需换热面积约38m²（按每1m²集热器日产热量2900kJ，循环换热工作4h计），辅热部分换热面积按 $Q_g=800kW$ 计算换热面积约为20m²。两者相加总换热面积为58m²。而目前国内现有 $V=6m^3$ 的水加热器产品最大换热面积约30m²，即与要求面积相差约1倍。因水加热器内换热盘管布置是受压力容器构造限制的，且单罐内盘管面积过大，制造和维修均很困难。
	5）导流型容积式水加热器是由贮热量加即时加热量来保证设计小时用热水的，因此水加热器内换热盘管应尽量靠下部设置而该项目辅热换热盘管位于水加热器上部，有效贮热容积很小，当太阳能热源不足或没有时，不能保证设计小时用水量之要求，而且水加热器内冷温水区太大，不利热水水质的保证。
	6）一个水加热器供水不满足使用要求。按前述《建水规》5.4.3条规定，宜设两台以保证一台水加热器检修时不断水。
	3. 改进措施：
	1）2016年版《建水规》征求意见稿的6.6.5条规定："1. 集中集热、集中供热太阳能热水系统的集热水箱（罐）宜与供热水箱（罐）分开设置，串联连接，辅热热源设在供热设施内。"

常见问题	剖析与修正
	2）按上款规定，建议采用图 4-34 图示： 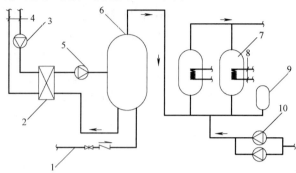 图 4-34　太阳能＋辅热供热原理图 1—冷水补水；2—板式快速水加热器；3—热媒循环泵；4—集热器供、回水管；5—热水循环泵； 6—集热水罐；7—辅热水加热器；8—辅热热媒水管；9—膨胀罐；10—供水系统循环泵 3）原理图说明： （1）采用太阳能热源预热，辅热热源补热，这样能充分利用太阳能，降低辅热供热量，满足节能和使用要求。 （2）太阳能热源集、换热采用板式快速水加热器两端配热媒热水循环泵，传热系数约可提高 3 倍，即相应换热面积可为导流型容积式水加热器换热面积的 1/3。解决了上述计算换热面积过大，制造、维修困难问题。且有利于充分利用太阳能热源。缺点是要求增加热水循环泵、增加能耗。因此，在水加热器换热面积允许的条件下，亦可直接采用导流型容积式或半容积式水加热器集热。 （3）集热水罐按前述，《建水规》5.2.4A 中的式（5.2.4）A3 计算，辅热水加热器按《建水规》5.4.10 条计算，其有效容积可为 $V=9m^3$；辅热水加热器设两个，每个按 50% 的供热量计算，每个罐有效容积 $V=4.5m^3$
3. 太阳能集热水加热器、辅热水加热器均用自力式温控阀控制水温	××办公楼太阳能热水系统如图 4-35 所示： 图 4-35 中主要问题为： 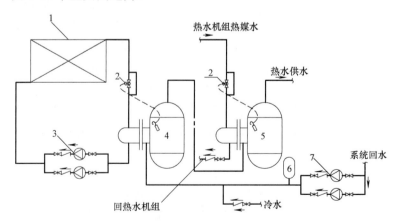 图 4-35　××办公楼太阳能热水系统示意图 1—太阳能集热器；2—自动温控阀组；3—集热循环泵；4—集热半容积式水集热器； 5—辅热半容积式水加热器；6—膨胀罐；7—系统回水循环泵

常见问题	剖析与修正
	1）太阳能集热水加热器热媒进水管上设自力式温控阀，它与集热循环泵难以联动，且当温控阀关断时，循环泵可能空转易损坏。 2）系统回水宜回辅热水加热器，否则因集热水加热器内水温高将降低太阳能集热效果，且在无太阳能时或集热水加热器检修时，系统无热水供应。 改进的方式如图 4-36 所示。 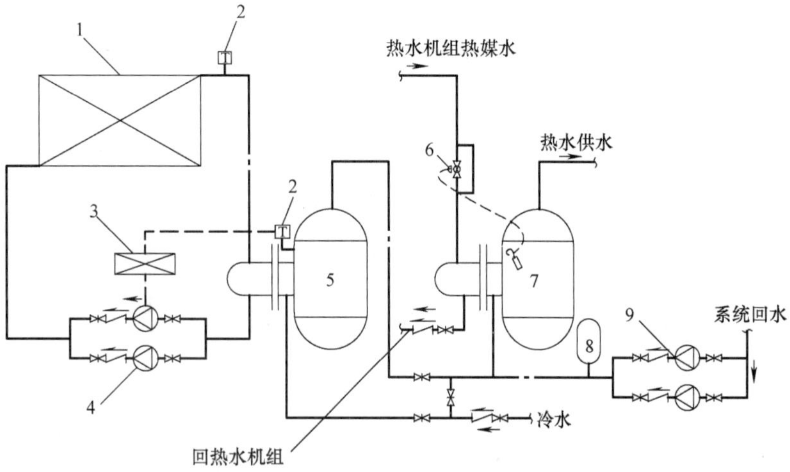 图 4-36 ××办公楼太阳能热水系统改进示意图 1—太阳能集热器；2—温度传感器；3—控制盘；4—集热循环泵； 5—集热半容积式水加热器；6—自动式温控阀组；7—辅热半容积式水加热器； 8—膨胀罐；9—系统回水循环泵 改进点： 1）集热循环泵由设在太阳能集热器上的温度传感器及水加热器上的温度传感器温差控制启停，水加热器内水温超温时停泵。 2）系统回水进辅热水加热器，冷水可分别进集热或辅热水加热器

4.4.3 太阳能热水系统其他问题

常见问题	剖析与修正
1. 间接太阳能热水系统未考虑防止短路循环； 2. 间接太阳能热水系统缺补水（液）措施或措施不当	1. 集中集热分散供热的间接太阳能热水系统的热媒水供、回水管循环系统同集中热水供应系统的循环系统，需避免短路循环，以保证各分散的小集热水罐能均匀换热集取热量。 集热供回水管循环系统防短路可参照本书 4.1.2 条"剖析与修正"中采取同程布管、流量平衡阀及导流三通等措施。 2. 间接太阳能热水系统：为承压闭式系统，由于系统运行时热水（热液）汽化，管件、阀门漏水等将造成水（液）亏损，需及时补水（液）保证系统的工作压力和正常运行。以下两种补水（液）方式可供设计选用： 1）对于较大型的太阳能热水集热系统可采用定压水箱配补水泵补水的方式，详见图 4-37：

常见问题	剖析与修正
	图4-37中补水泵及补水水箱的设计计算： 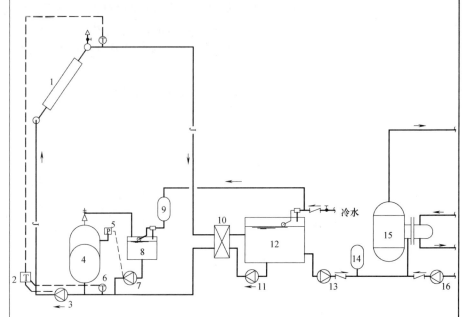 图4-37　采用定压补水装置的太阳能热水系统 1—集热器；2—控制箱；3—集热循环泵；4—定压膨胀罐；5—压力传感器； 6—温度传感器；7—定压补水泵；8—补水箱；9—软水器；10—板式换热器； 11—加热循环泵；12—集热水箱；13—供水泵；14—膨胀罐； 15—辅热水加热器；16—系统循环泵 （1）定压补水（液）泵 ① 补水（液）泵流量 Q=（5%～10%）集热系统水溶剂 ② 补水（液）泵扬程 H = 补水点处的压力 + 补水管阻力损失 + 30～50kPa； ③ 宜设两台泵，一用一备，轮换工作； ④ 启、停泵压力为水（液）集热系统的介质充装压力 P_1 和正常运行最高工作压力 P_2。 （2）补水箱的设计计算 ① 补水箱容积按 30～60min 的补水量计算； ② 箱体材质宜用不锈钢； ③ 水箱与集热系统膨胀罐宜靠近设置，此时水箱上部应预留膨胀罐泄流量容积。 2）对于小型的太阳能热水集热系统，可采用高于集热系统压力的供水管直接补水，如图4-38所示： 采用图4-38直接补水时应注意点： （1）补水水质应硬度低，否则宜在补水管上加"归丽晶"等防垢装置； （2）压力传感器宜控制在设置点压力 P±50kPa 启、停电磁阀； （3）补水点处补水压力须高于热媒水系统压力

常见问题	剖析与修正

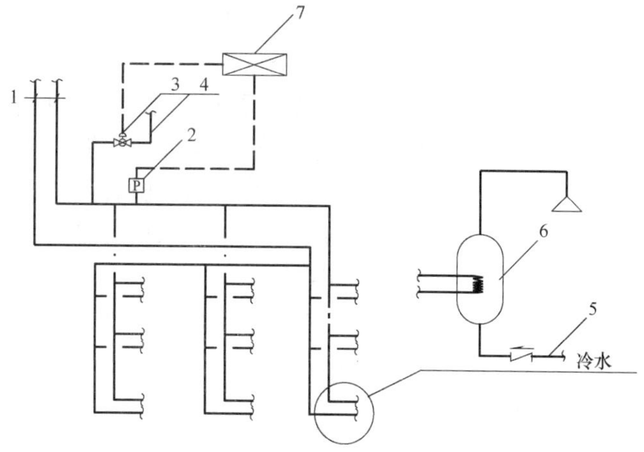

图 4-38　间接太阳能热水系统直接补水原理图

1—接集热器供、回水管；2—压力传感器；3—电磁阀；4—高区给水补水管；

5—分户冷水管；6—分户集热罐；7—控制盘 |
| 3. 集热系统采用塑料管 | 太阳能集热系统的集热温度，开式不承压系统最高可为100℃，闭式承压系统，最高可达200℃，因此，2016年版《建水规》征求意见稿6.6.5条规定："9 开式太阳能集热系统应采用耐温≥100℃的金属管材、管件及阀件；闭式太阳能集热系统应采用耐温≥200℃的金属管材、管件及阀件。直接太阳能集热系统宜采用不锈钢管材。"

塑料管及各种符合管材均不适宜于高温条件下应用，尤其是塑料管高温时易老化，失去承压能力，而钢管或镀锌钢管，水质难以保证，因此，太阳能热水集热系统最好采用不锈钢管 |
| 4. 寒冷地区采用平板式集热器 | 太阳能集热器主要有平板式集热器和真空管式集热器两种类型。平板型集热器的优点是集热效率高，构造相对简单，耐压和耐冷热冲击能力强，缺点是保温性能较差、抗冻差。而真空管型集热器由于它属于管中管，其间真空，因此其优点是隔热保温性能好，集取的热量不易散失，缺点是构造相对复杂，价格较高。

据此，寒冷地区集热器防冻是需要重点解决的问题，宜选用防冻性能较好的真空管集热器 |

4.4.4　热泵热水系统设计问题

常见问题	剖析与修正
1. 采用水源热泵热水系统，未说明采用依据；

2. 旅馆医院采用水源热泵为热源间接供水60℃热水 | 1.《建水规》5.2.2B条规定："2 在地下水源充沛、水文地质条件适宜，并能保证回灌的地区，宜采用地下水源热泵热水供应系统；3. 在沿江、沿海、沿湖、地表水源充足，水文地质条件适宜，及有条件利用城市污水、再生水的地区，宜采用地表水源热泵热水供应系统。注：当采用地下水源和地表水源时，应经当地水务主管部门批准，必要时应进行生态环境、水质卫生方面的评估。"

设计热水系统采用何种热源，一般均应由建设方通过任务书明确。当采用水源热泵为热源时，无论采用地表水、地下水、污水、废水等均需由建设单位先经勘探、申报、和有关主管部门协调并在通过论证的条件下方 |

常见问题	剖析与修正
	可采用。因此在设有上述可靠依据的条件下，设计不应贸然采用，否则工程投入使用后会出问题。 2. 水源热泵为热源间接换热制备热水时，供水温度一般为≤50℃。其原因是热泵机组保证合理能效比 COP 的条件下，机组冷凝器只能产生＜60℃的热媒水。如要供 t_r≥55℃的热水，就得使用 COP 值很低的高温热泵。通过板式快速水加热器＋贮热水罐换热取得。但这样一是热泵投资增大，能耗增大，几乎等于用电来直接加热水，不经济合理。因此，对于医院等要求供水温度为 60℃的热水系统，不宜采用热泵热水系统。如果必须采用，其系统可参考图 4-39。 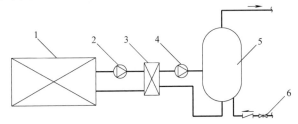 图 4-39 热泵热水系统原理图 1—高温热泵机组；2—热媒循环泵；3—板式快速水加热器；4—热水循环泵； 5—贮热水罐；6—冷水补水管 注：图中的高温热泵机组的热媒水供水温度≥70℃。

3. 空气源热泵用作热网检修备用热源：
  1）空气源热泵放避难层；
  2）按设计小时耗热量选型
	1. 某超高层建筑集中热水供应系统采用空气源热泵作为热网检修期的备用热源。将其放置在避难程中，存在的问题：
	  1）空气源热泵与冷却塔相似，必须防止机组进出口空气短路循环，否则将严重影响其制热效率。因此布置机组一般应满足下列条件：
	  （1）进风面距墙≥1.5m；
	  （2）机组顶部出风机组的上空≥4.5m；
	  （3）两台机组相对布置时，间距≥3.0m。
	  按此要求，尤其是顶部出风机组上空的高度，避难层是不能满足的。
	  2）空气源热泵机组运行时有较大噪声，运行时对上、下层及周围环境有影响，因此一般应将其放在屋顶。
	  2. 对于热泵机组的主要选型参数－设计小时供热量 Q_g 公式中，热水用水定额《建水规》规定："<u>按不高于本规范表 5.1.1-1 和表 5.1.1-2 中用水定额中下额取值。</u>"规范此条规定的用意是在满足使用要求的条件下尽量选用造价较低的机组，同时使其运行高效节能。
	  由于生活用热水其用水人数、用水定额变化很大，设计热水系统时一般均需保证最高日最大时即设计小时耗热量的要求，但实际运行中这样的几率很低，绝大部分实际处于平均日用水状态。这样对于热网等常规热源供热问题不大，但热泵机组如此选型，一则一次投资大，二则机组长期处于低负荷运行，大马拉小车，效率低。因此，《建水规》对此作出上述规定。当某段时间系统用水大于设计值时，可采用延长热泵工作时间来弥补。对于本案例中热泵仅作热网检修期用，一年运行时间很短，更不宜选按设计小时耗热量大的机组

5 排　　水

5.1　生活排水系统

5.1.1　室外排水系统问题

常见问题	剖析与修正
1. 设计说明中缺排水市政条件或条件不全、不清楚	1. 排水的市政条件缺、不全、不清楚，即为该工程给水排水部分设计依据缺、不全、不清楚。《深度规定》对于排水的市政条件要求为："当排入城市管渠或其他外部明沟时，应说明管渠横断面尺寸大小、坡度、排入点的标高、位置或检查井编号。当排入水体（江、河、湖、海等）时还应说明对外排放的要求、水体水文情况（流量、水位）。" 关于设计说明中对排水的市政条件应如何表述、当建设单位暂时提不出所需市政条件的资料应如何处理及排水市政条件有误时引起的后遗症等已在本书"1.1.1 设计说明"中表述清楚
2. 接入市政排水接合井排水管采用管底平接； 3. 室外排水管转弯处未设检查井	《建水规》对室外排水管的连接规定如下："4.3.18 室外排水管的连接应符合下列要求： 1 排水管与排水管之间的连接，应设检查井连接； 2 室外排水管，除有水流跌落差以外，宜管顶平接； 3 排出管管顶标高不得低于室外接户管管顶标高； 4 连接处的水流偏转角不得大于 90°。当排水管管径小于等于 300mm 且跌落差大于 0.3m 时，可不受角度的限制。" 《室外排水设计规范》对此也有专门条款："4.3.1 不同直径的管道在检查井的连接，宜采用管顶平接或水面连接。" 上述规范对排水管连接的规定主要有两个理由： 其一是保证排水系统水流的通畅。由于市政排水管管径远大于小区或单体建筑的排出管管径，如二者采用管底平接，即大管的水面有可能高出小管的管顶，此时，小管的水就不能排出，进而小管淤积堵塞，造成小区或整个排水系统的瘫痪。 其二是便于清通室外排水管，室外排水管之间的检查井的作用如同室内排水管的检查口清扫口，是专供清通排水道用的设施。因此，室外埋地管段不能转弯一段再连检查井，否则转弯处堵塞难以清通

5.1.2　室内排水系统问题

常见问题	剖析与修正
1. 仅设伸顶通气管的底层排水支管连接的问题：	1. 对于底层排水支管的连接，《建水规》的 4.3.12 条第 4 款作了如下规定："4. 下列情况下底层排水支管应单独排至室外检查井或采取有效的防反压措施：

常见问题	剖析与修正
1）高层住宅低层排水支管未单排； 2）底层排水支管与出户管之高差不满足规范要求； 3）排水支管接至出户管处未标明其距离	<u>1）当靠近排水立管底部的排水支管的连接不能满足本条第1、2款的要求时；</u> <u>2）在距离排水立管底部 1.5m 距离之内的排出管、排水横管有 90° 水平转弯管段时。"</u> 2. 仅设伸顶通气立管的底层排水支管连接图式（图 5-1） 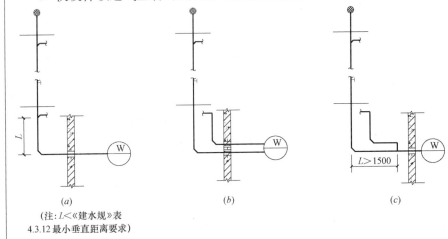 （a）　　　　　　　　（b）　　　　　　　　（c） （注：L<《建水规》表 4.3.12 最小垂直距离要求） 图 5-1　底层下水支管连接示意图 （a）错误图示；（b）正确图示；（c）正确图示 3. 住宅尤其是高层住宅的排水立管，由于其使用对象为家庭，家庭生活中有可能将拖布、垃圾等固体物质与污水一起混入排水道中，堵塞排水立管下部，如某十八层高层住宅曾出现卫生间排水立管中污水从一、二层的卫生器具中溢出，据此，北京市早在 20 世纪 80 年代末就规定高层住宅建筑的底层排水管须单独排出。因此对于高层住宅的排水系统宜采用图 5-1（b）的图式。 4. 当采用图 5-1（c）连接方式时，在排水系统图，及排水出户管所在平面图中应将底层排水支管接至出户管的连接点与立管之距离标志清楚
2. 下列废水未经处理或不明确水质直排排水系统： 1）锅炉排污废水直接排入明沟； 2）制药厂实验室废水合排未注明废水水质；	《建水规》4.1.3 规定："4、<u>水温超过 40℃ 的锅炉、水加热器等加热设备排水；6、实验室有害有毒废水。应单独排水至水处理或回收构筑物。</u>" 1. 锅炉排污是为保证炉水水质，保护锅炉受热面而需经常进行的操作程序，排污水温远高于 40℃，因此这些高温废水不能直接排入排水道，否则会破坏排水管及其接口，并造成环境污染。解决的措施是设排污降温池将其冷却后再排放。降温池的做法详见国家标准图《小型排水构筑物》04S519。对于条文中的水加热器排水应区别于锅炉排污废水的处理，其理由是，水加热器泄水只有在设备检修或停止使用时才进行，其泄空水温可以人为控制低于 40℃ 才排水，因此，一般水加热设备的排水不需另加降温处理措施。此条款将在 2016 年新版《建水规》中进行修改。 2. 制药厂的实验室废水能否直接排入排水系统，应先明确其排水中是否含有有毒有害物质，对此设计者应要求工艺方提供资料，如设计在没有取得其水质资料必须出图，则应在设计说明中标注清楚，以明确其责任范围

常见问题	剖析与修正
3. 汽车停车库的排水 1）无排水； 2）跨防火分区采用明沟排水	1. 汽车停车库应设排水 《建水规》表 3.1.10 规定了停车库冲洗地面用水既然有给水就应有相应的排水，由于停车库均设在地下，在使用过程中不仅需排放冲洗汽车出入车库的尘土等污物，还需排坡道流下来的雨水及消防排水。因此设计地下停车库应该设计排水系统。 2. 停车库地面宜采取间隔设地漏箅子的暗沟排水。不宜采用明沟排水。因车库停放的汽车有可能漏油至地面，如果明沟排水，冲洗地面时，油随水入沟引起扩散，尤其是当明沟跨越防火区时，漏油跨区扩散增添了火灾隐患
4. 高位水箱的溢、泄水： 1）溢、泄至地面； 2）地面仅设 DN50 地漏	1. 高位水箱的溢、泄水管的合理设置 详见本书 3.2.3 条问题 4
5. 低于室外地面的住宅卫生间排水管，与地面以上排水共立管，出户管	1.《城镇给水排水技术规范》GB 50788—2012 的 4.2.3 条规定："地下室、半地下室中的卫生器具和地漏不得与上部排水管道连接，应采用压力流排水系统，并应保证污水、废水安全可靠排出。" 2.《住宅建筑规范》GB 50368—2005 中 5.4.1 条规定"住宅的卧室、起居室（厅）、厨房不应布置在地下室。当布置在地下室时，必须采取采光、日照、防潮、排水及安全防护措施。" 上述两条规定对排水系统而言，主要是防止大雨时地面积水通过排水管倒流入地下室，淹没房间，造成损失。因此，设计时其一应提醒建筑专业，地下室不应布置住宅的厨、卫用房。其二当需布置时，厨、卫排水管应采用单独的压力排水。如只有一个卫生间可采用国标图《卫生设备安装》09S304 中"全自动坐便器污水提升器"压力排水；不必为一、两个器具排水设污水集水池和污水泵
6. 地面一、二层排水与地下室排水一起采用压力排水	地面以上的排水管均应采用重力流直排至室外管网，当雨、废水回收利用时排至调节池。 少数工程为了节省一根出户管，将地面以上一、二层污、废水排入地下室污、废水池，然后用潜污泵提升排出。这样需加大污水泵井容积，加大污水泵的排水流量，即加大一次投资和增大能耗，且降低了地面层排水的安全性
7. 空调机房地漏连接到污水立管	建筑排水按其水质可划分为生活污水、生活废水和洁净废水。室内排水管的设置为各自单排或生活污、废水合排，洁净废水单排。空调机房、水泵房等设备用排水多为设备运行时的小量漏水等，均为洁净废水，应单独排放至室外雨水管。因机房的地漏有可能长期无排水，水封干涸，如地漏连到污水管上，此地漏成了通气口，要求洁净的空调机房等将被污染
8. 厨房排水 1）食品制作采用直排；	1.《建水规》4.3.13 条作为强条规定："5. 贮存食品或饮料的冷藏库房的地面排水和冷风机溶霜水盘的排水"应采取间接排水的方式。

常见问题	剖析与修正
2）采用一般地漏排地面积水； 3）住宅厨房与卫生间共用立管	此条规定主要是防止地漏水封干涸时，排水管内污气冒出对食品、饮料、冷风机风口气流污染；同理，食品制作排水也应采用间接排水的方式。 　　2. 公共厨房的地面排水与厨房操作工艺及不同操作者的使用习惯关系密切，由于厨房餐饮制作过程排水点多，排水量较大，且排水中含菜叶等杂物多，一般采用明沟，通过网框地漏算子排水。对此，《建水规》4.5.10条第3款亦规定："食堂、厨房和公共浴室等排水宜设置网框式地漏"。 　　3. 宾馆酒店中的大中型餐饮厨房一般均要由厨房公司二次设计，排水系统设计时，应为二次设计预留好排水管接口，由于排水管需敷设坡度，如横管太长，管道占的空间大将影响下层层高及使用。因此，对于较大型的厨房宜分散设置2~4个排水连接口，管径宜为 DN150。 　　4. 住宅的厨房和卫生间排水立管应分设，这是《建水规》4.3.6A条的强条规定，主要是防止低层污水立管堵塞时，污水从厨房洗涤池溢出和立管中污气污染厨房。 　　厨房、卫生间分设的排水立管尽可能单设出户管；当条件不许可时，亦可如图5-2所示合一出户管。 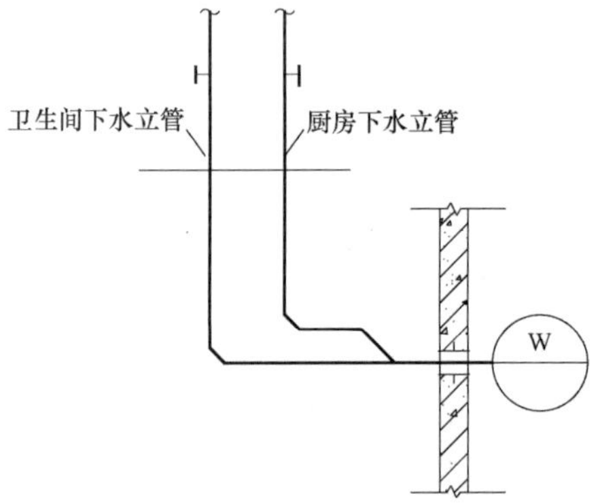 图5-2　下水管共用出户管示意图
9. 出户管太多、太分散	一些已竣工的工程回访时，建设方反映，室外黑铁井盖太多，尤其是大厅入口处，漂亮干净的装饰地面，给水排水闸门井、检查井的黑色铸铁井盖分外明显，有碍建筑的整体美观。解决的办法： 　　1）平面布管时，尽量避免将闸门井、检查井布在大厅入口处； 　　2）在室内将污、废水管适当合并，尽量减少出户管的数量； 　　3）室外装饰性地面上的检查井不采用铸铁井盖，采用镶嵌与地面一致材质的装饰型井盖
10. 中水原水未设跨越管	《建筑中水设计规范》GB 50336—2012中5.2.4条规定："原水系统应设分流、溢流设施和超越管，宜在入处理站之前能满足重力排放要求。" 　　中水系统如水量平衡关系合理，一般原水都能收集利用。 　　当排水量大于用水量时，则宜设原水分流井，井内设隔板进行分流，即一部分入调节池，一部分外排，但大多数室内排水干管末端难以设分流井，此时多余的排水量可通过调节池溢流至地面污水池，由污水泵排走。但中水站检修时则应加旁通管，不得让原水进调节池，其做法如图5-3所示。

常见问题	剖析与修正
	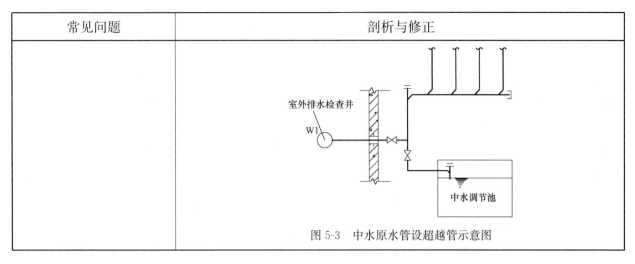 图 5-3　中水原水管设超越管示意图

5.2　通气管

5.2.1　通气管设置问题

常见问题	剖析与修正
1. 生活排水立管未设伸顶通气管	《建水规》4.6.1 条 1 规定："生活排水管道的立管顶端，应设伸顶通气管。" 对于生活排水，《建水规》2.1.36 条的术语定义为"居民在日常生活中排出的生活污水和生活废水的总称。" 在工程设计中常见的问题是有的生活污、废水立管因伸顶立管设置困难或不能设置而未采取任何其他弥补措施。对此，正在全面修编的《建水规》征求意见稿中作出了如下规定： "当遇特殊情况，伸顶通气管无法伸出屋面时，可设置下列通气方式： 1. 设置侧墙通气时，通气管口的设置应符合本规范第 4.7.13 条（注：即现《建水规》4.6.10 条）的要求； 2. 当本条第一款无法实施时，可设置自循环管道系统，自循环管道系统的设置应符合本规范第 4.7.10、4.7.11 条（注：即现《建水规》4.6.9 A、4.6.9 B 条）的规定； 3. 公共建筑排水管道当上述条件均无法满足时，可设吸气阀。" 上述规定为"吸气阀"的应用开了一个小口，设计应用时应注意： （1）只有在符合上述条款限定范围内应用； （2）应指明使用符合产品标准要求的产品； （3）由于吸气阀只起补气防止排水管内出现负压而破坏水封的作用，不能排出管中的污浊气体，因此，宜在排水出户管第一个检查井设一 DN100 的通气管，通气管应隐蔽设置，管口宜高出地面 2.0m
2. 超高层建筑的通气立管采用吸气阀代伸顶通气管	超高层建筑通气管不能伸顶时的建议处理措施，如图 5-4 所示。有的超高层最高层顶为玻璃顶，无法设伸顶通气立管，如只在通气立管顶设吸气阀，则整个几百米长的排水立管及其系统内污浊气体无法排出。 建议采用图 5-4 中（b）建议图示，设出侧墙的通气管。这样整个排水系统只有顶上少数几层立管气体不能排出，对绝大部分层的排水通气无影响

常见问题	剖析与修正
	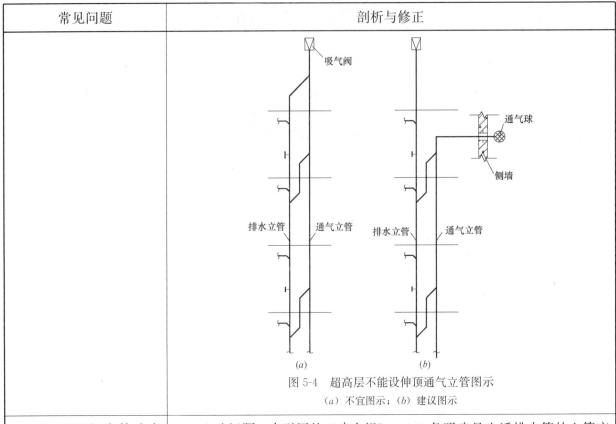

图 5-4　超高层不能设伸顶通气立管图示

(*a*) 不宜图示；(*b*) 建议图示

常见问题	剖析与修正
3. 空调机房等洁净废水的排水立管设伸顶通气管	上述问题 1 中引用的《建水规》4.6.1 条明确是生活排水管的立管应设伸顶通气管。对于空调机房的冷凝水或地面排水等不属生活排水性质的排水，其排出管应引至室外雨水检查井，其立管顶不需设伸顶通气管，如图 5-5 所示。 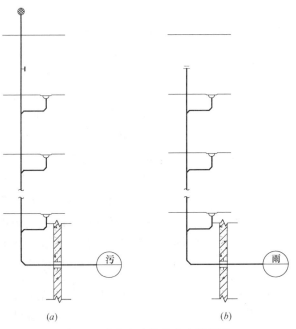 图 5-5　洁净废水的排水立管图示 (*a*) 错误图示；(*b*) 正确图示 因为废水管与室外雨水管相连，不必考虑排出系统中的污气和保护水封，如设通气管不仅耗材而且多一根穿屋面的管，多一个屋面漏水点。

常见问题	剖析与修正
4. 汇合通气管 　　1）从汇合管上引出两根伸顶通气管； 　　2）汇合通气管未放大管径	1.《建水规》4.6.9条第2款规定："器具通气管、环形通气管应在卫生器具上边缘以上不小于0.15m处按不小于0.01的上升坡度与通气立管相连"。 　　根据本条款的推理，每根排水立管与伸顶通气立管之间的环形连接管段也应有不小于0.01的上升坡度，使气流通畅，因此图5-6中（a）汇合管上设双伸顶通气管为不宜图示，且多一条穿越屋面的管道，多一处屋面漏水点。 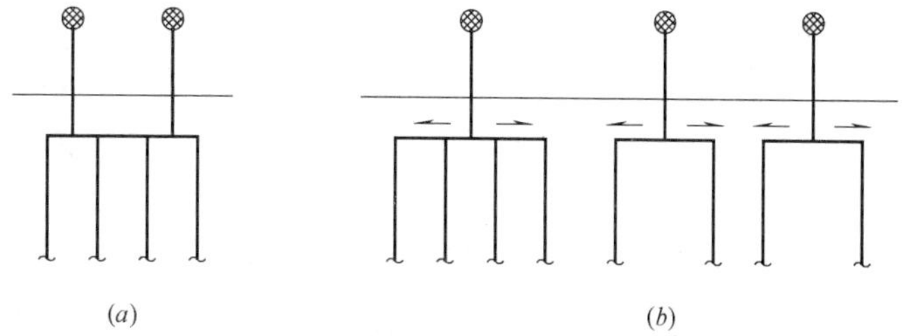 图5-6　汇合通气管引出伸顶通气管示意图 （a）不宜图示；（b）推荐图示 　　2. 汇合通气管的管断面计算，《建水规》4.6.16条有具体规定，设计应经计算确定其管径。
5. 排水立管与通气管连接问题	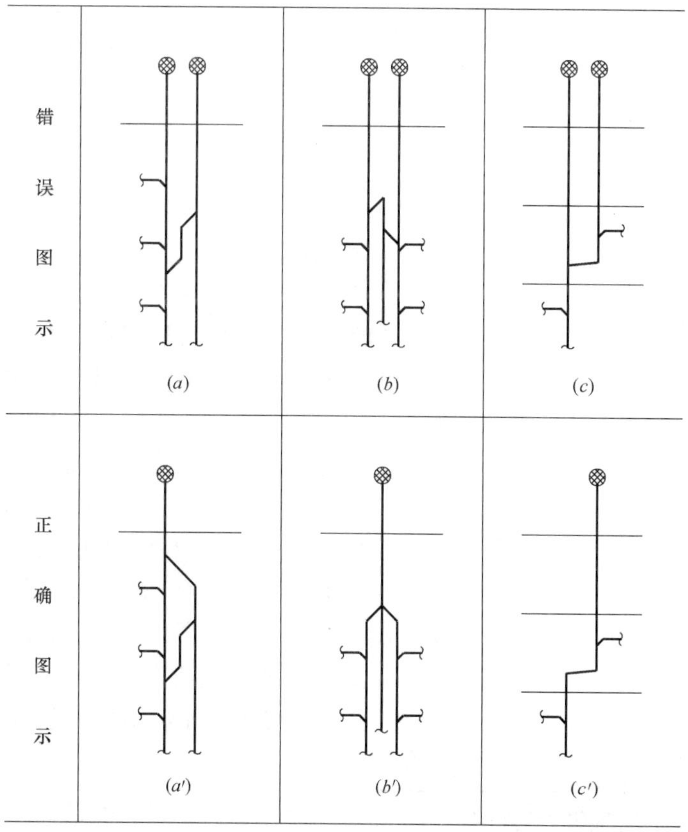 图5-7　下水立管与通气立管连接示意图 图5-7中错误图示剖析： 1. 图5-7（a）不宜设两根伸顶通气立管； 2. 图5-7（b）不符合《建水规》4.6.9条通气管和排水管连接之要求； 3. 图5-7（c）不需设两根伸顶通气管

5.2.2 伸顶通气管设置问题

常见问题	剖析与修正
1. 排水立管长＞50m，排水管 DN150，伸顶通气管 DN100； 2. 严寒地区伸顶通气管未放大管径； 3. 伸顶通气管上下转弯； 4. 伸顶通气管未注明离屋面距离； 5. 伸顶通气管出侧墙离窗口太近； 6. 通气立管引入排风管井	1.《建水规》对于通气管设置的相关规定为： 1)"4.6.7 通气立管不得接纳器具污水、废水和雨水，不得与风道和烟道连接。" 2)"4.6.12 通气立管长度在 50m 以上时，其管径应与排水立管管径相同。" 3)"4.6.15 伸顶通气管管径应与排水立管管径相同。但在最冷月平均气温低于－13℃的地区，应在室内平顶或吊顶以下 0.3m 处将管径放大一级。" 4)"4.6.10 高出屋面的通气管设置应符合下列要求： 1 通气管高出屋面不得小于 0.3m 且应大于最大积雪厚度，通气管顶端应装设风帽或网罩； 注：屋顶有隔热层时，应从隔热层板面算起。 2 在通气管周围 4m 以内有门窗时，通气管口应高出窗顶 0.6m 或引向无门窗一侧； 3 在经常有人停留的平屋面上，通气管口应高出屋面 2m，当伸顶通气管为金属管材时，应根据防雷要求设置防雷装置"。 2. 根据《建水规》以上规定，设计应注意点： 1) 排水立管长 L≥50m 者，其通气立管管径应与排水管径相等。 2) 严寒地区（最冷月平均气温低于－13℃地区）如黑龙江、吉林省建筑的伸顶通气立管管径应比所接排水管管径放大一号，其理由是适当放大通气管断面有利于防止冰雪堵塞出气口。 3) 伸顶通气管不宜多转弯，尤其不应上下转弯，主要是为了气流通畅，有助于提高排水系统的排水能力，防止管道堵塞和水封破坏。如通气管段设有下凹处，当雨水从立管出口进入时，下凹处成了水封，失去通气功能。 4) 伸顶通气管伸出屋顶的高度应予标注，其理由一是保证通气管口不被积雪或雨水淹没，二是对于上人屋面，为防止通气管口排出的污气对人的污染，通气管口应高出屋面≥2m 设置。 5) 伸顶通气管从侧墙出管时，其通气口离门、窗户的距离应≥4m，且应高出窗顶 0.6m 以上，以防其排出的污气随风吹入室内污染室内环境。 6) 通气立管不应通入排风道，因排风道是与室内相通的，若通气管口直接通入排风道，则排出的污气有可能通过排风口窜向室内，污染室内环境

5.2.3 环形通气管设置问题

常见问题	剖析与修正
1. 卫生间≥6 个大便器的排水管上未接环形通气管；	1.《建水规》对环形通气管的规定如下： "4.6.3 下列排水管段应设置环形通气管： 1 连接 4 个及 4 个以上卫生器具且横支管的长度大于 12m 的排水横支管；

常见问题	剖析与修正
2. 环形通气管从排水管末端引出； 3. 环形通气管与排水管水平连接； 4. 环形通气管 DN100	2 连接 6 个及 6 个以上大便器的污水横支管； 3 设有器具通气管。" 2.《建水规》对设置环形通气管设置的条件已很清楚，设置环形通气管的作用是对排水横管长且带器具多、瞬时排水量大的管段及时补气防止管内形成负压破坏水封，及加强气水分流提高排水能力。对于设器具通气管的系统则起连接器具通气管至通气立管的作用。因此设计应按其要求设置环形通气管。 3. 环形通气管接管如图 5-8 所示

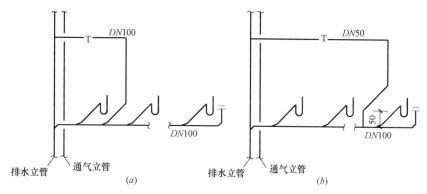

图 5-8　环形通气管接管示意图
(a) 错误图示；(b) 正确图示

图 5-8 中错误图示的错误为：

1) 环形通气管从排水管末端接出，起不到保护整个排水管所连器具水封的作用，因为对于带器具多的排水横管，当管段瞬时流量突然增大时，管段始端易形成负压，相应器具水封易受破坏，此时，如始端连有环形通气管则它能即时补气使整个管段不出现负压。因此环形通气管应从排水管始端连接。

2) 环形通气管与排水横管水平连接，这样接口处可能被水淹没，影响环形通气管的排气、补气功能。

3) 环形通气管管径，《建水规》4.6.11 条表 4.6.11 的规定，见表 5-1：

通气管最小管径　　　　　　　　　　表 5-1

通气管名称	排水管管径(mm)				
	50	75	100	125	150
器具通气管	32	—	50	50	—
环形通气管	32	40	50	50	—
通气立管	40	50	75	100	100

注：1. 表中通气立管系指专用通气立管、主通气立管、副通气立管；
　　2. 自循环通气立管管径应与排水立管管径相等。

对于排水横管 DN100 者环形通气管最小管径为 DN50，当然管径大一点效果会更好，但考虑到卫生间敷管安装及空间位置的问题，一般环形通气管只需按最小管径即可满足使用要求

5.2.4 污水泵井通气管设置问题：

常见问题	剖析与修正
1. 漏设通气管； 2. 以吸气阀代替通气管； 3. 通气立管无出处或按给水箱通气管处理； 4. 通气立管被水淹没	《建水规》4.7.8 条第 4 款规定"<u>当污水集水池设置在室内地下室时，池盖应密封，并设通气管系；室内有敞开的污水集水池时，应设强制通风装置</u>"。 　　1. 污水泵井设通气管的目的是排出污水集水池中积聚的污气和有害气体，以防其污染环境和保证维修清理污水集水池工作人员的安全。由于污水集水池一般均设在室内地下室，井盖封闭，排入生活污水后进入室外的化粪池，如不及时将池中的污气厌氧发酵产生的沼气及其他有害气体排出，将会造成污染室内环境和危及检修人员安全的后果。因此污水集水池必须设通气管。 　　2. 污水泵井设通气管的方式分析如图 5-9 所示： 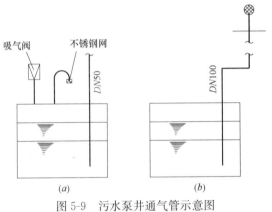 图 5-9　污水泵井通气管示意图 （a）几种通气管的错误图示；（b）正确图示 图 5-9 中错误分析： 　　1）图 5-9（a）中通气管用吸气阀代替伸顶通气管，吸气阀的作用是管中出现负压时补气，没有排气的功能，而污水泵井需要的正是后一种功能。 　　2）图 5-9（b）中通气管完全按给水箱的通气管处理，因给水箱贮存的饮用水，设通气管的目的是为了保持水面以上空间空气的流通，防止停滞的空气污染水体。因此一般水箱（池）顶对角设一高一低的通气管以利对流换气。而污水池的通气管如照此办理，则会严重污染室内环境。 　　3）图 5-9（a）右通气管的设置错误在于： 　　（1）通气管入池被水面淹没起不到排气作用。 　　（2）管径 DN50 太小，由于污气腐蚀性强，长时间使用后锈垢易堵塞断面，因此污水池通气管管径一般为 DN100。 　　（3）未明确通气管连至何处，容易造成事后再找出路的困难

5.3 污废水泵及泵井

5.3.1 污废水泵选择问题

常见问题	剖析与修正
1. 设备表中未明确污水泵、废水泵；	1. 国家标准图《小型潜水排污泵选用及安装》08S305 的总说明对于潜水排污泵中的污水泵作了如下描述：

常见问题	剖析与修正
	1）JYWQ型自动搅匀潜水排污泵：S型切割叶轮，具有切割、粉碎撕裂功能，具有冲洗搅匀作用。 2）FLYGTM型潜水排污泵：旋涡式叶轮，设有磨碎装置，能将固体粉碎为小的颗粒，适用于污水系统。 2．污水泵与废水泵之区别在于污水泵带有磨碎或切削污物的功能，可使夹带污物的污水经其处理后与污水一起排出，不致堵塞水泵流道和管道，废水泵一般为排出设备用房积水，清扫地面水等含杂物小和少的废水，水泵不需带切削装置，只需叶轮和泵壳间流道加大，二者功能、构造不同，且同型污水泵的耗功量大于废水泵。 3．依据以上分析，设计时应对污、废水泵予以注明，否则均用污水泵则大部分用于排废水的泵耗能大；均用废水泵则用于排污水的泵将会出现堵塞等问题
2．泵的流量与扬程等选择不合理 1）水池、水泵房废水泵的流量偏小； 2）消防电梯排水泵 $Q=23m^3/h$； 3）空调机房等仅用于排地面积水的泵偏大； 4）所有废污水泵同 Q、H 5）泵的扬程过高； 6）所有泵压水管 $DN100$；	污、废水泵的流量 Q、扬程 H 都应计算确定，对此《建水规》作了下列规定： "4.7.7 污水水泵流量、扬程的选择应符合下列规定： 1 小区污水水泵的流量应按小区最大小时生活排水流量选定； 2 建筑物内的污水水泵的流量应按生活排水设计秒流量选定；当有排水量调节时，可按生活排水最大小时流量选定； 3 当集水池接纳水池溢流水、泄空水时，应按水池溢流量、泄流量与排入集水池的其他排水量中大者选择水泵机组； 4 水泵扬程应按提升高度、管路系统水头损失、另附加2～3m流出水头计算。" 根据上述规定，针对设计中常出现的问题应注意如下几点： 1）水池水泵房的废水泵井，主要是及时排出水池的溢、泄水，防止溢水淹没水泵房。而水池溢水是由于补水浮球阀失效引起的，因此其溢水量即水池补水管补水量，则废水泵的 Q 应大于水池补水量。 2）对于消防电梯底下的废水泵井的容积及排水泵 Q 应符合《建筑设计防火规范》GB 50216—2014 中 7.3.7 条的"排水井的容量不应小于 $2m^3$，排水泵的排水量不应小于 10 L/s"的要求。 3）空调机房热交换间等机房设置的废水泵井一般只用于排出设备检修，清洗地面等的泄水排水，其排水量较小，且可控制，因此可选国标图《小型潜水排污泵选用及安装》08S305 中的 C3045HT250 的最小型废水泵。 4）对于设有消火栓、自动喷洒系统的地下室、车库等处的排水泵应考虑排消防积水的要求，可参照排消防电梯井积水的排水泵选泵。 5）排水泵的扬程应经计算确定，扬程过大，不仅耗能，而且出水冲刷检查井壁。 6）污、废水泵的出水管管径应经计算确定，管径过大，则满足不了 $V \geqslant 0.7m/s$ 自净流速的要求；如常用的小潜污泵 $Q \approx 10m^3/h$，如出水管为 $DN100$，则流速只有 $V=0.32m/s$

5.3.2 污水泵井问题

常见问题	剖析与修正
1. 井的尺寸太小太浅； 2. 污水泵井漏设密封井盖； 3. 污、废水泵井盖均采用密封井盖	1. 污水泵井的容积应满足《建水规》4.7.8 条第 1 款"集水池有效容积不宜小于最大一台污水泵 5min 的出水量"的规定。 　　图 5-10 为污、废水泵井井深尺寸示意图。参照国标图 08S305 中图示，其具体计算如下： 图 5-10　污废水泵井井深尺寸示意图 　　图中：h_1——最低水位排水深 150～250mm； 　　　　　h_2——满足一台最小水泵 5min 水量的调节水深，当井平面尺寸为 2.0m×1.5m 时，$h_2 \approx 400$mm； 　　　　　h_3——进水管底离最高水位高≥100mm； 　　　　　h_4——进水管底离井盖顶面高≥350mm； 　　　　　$h_{min} = h_1 + h_2 + h_3 + h_4 \geq 1100 \sim 1200$mm。 注：1. h_{min} 是按井平面尺寸为 2.0m×1.5m 和废水泵流量 $Q \leq 14.4$m³/h 计算的，当平面尺寸和 Q 不同时，应重算 h_2 值。 　　2. 对于排水池（箱）溢、泄水的集水井应按溢水量经计算确定泵井尺寸。 　　2. 污水泵井的井盖应满足《建水规》4.7.8 条第 4 款"当污水集水池设置在室内地下室时，池盖应密封"的要求，采用防臭密封井盖。这是室内设置污水泵井的必要条件，否则将严重污染室内空气。 　　但排出机房，水池（箱）溢、泄水的废水泵井井盖则不宜设置密封井盖，如废水泵井密封又无通气管时，则会使井内滞水水质变坏

5.4　管道、管件、附件、卫生器具及管道敷设

5.4.1 排水管布置敷设问题

常见问题	剖析与修正
1. 布置在厨房主副食操作及烹调和备餐间上方； 2. 布置在下层住户卧室之上； 3. 布置在电器用房上空； 4. 布置在电缆、电管之上；	1. 有关规范对排水管布置的规定： 1)《建水规》的部分规定： (1) "4.3.2 小区排水管道最小覆土深度应根据道路的行车等级、管材受压强度、地基承载力等因素经计算确定，并应符合下列要求： 1 小区干道和小区组团道路下的管道，其覆土深度不宜小于 0.7m；" (2) "4.3.3 建筑物内排水管道布置应符合下列要求： 1 自卫生器具至排出管的距离应最短，管道转弯应最少； 2 排水管道不得敷设在对生产工艺或卫生有特殊要求的生产厂房内，以及食品和贵重商品仓库、通风小室、电气机房和电梯机房内；

常见问题	剖析与修正
5. 污水干管长 $L=$ 50m 转弯 4 次，且转角任意； 6. 靠近排水立管底部的排水支管连接不符合规范要求； 7. 塑料出户管标高 -0.70m； 8. 出户管出户后转弯进检查井； 9. 排水管穿沉降缝未采取措施	3 排水管道不得穿过沉降缝、伸缩缝、变形缝、烟道和风道；当排水管道必须穿过沉降缝、伸缩缝和变形缝时，必须采取相应技术措施；" （3）"4.3.3A 排水管道不得穿越卧室。" （4）"4.3.6 排水管道不得布置在食堂、饮食业厨房的主副食操作、烹调和备餐的上方。当受条件限制不能避免时，应采取防护措施。" （5）"4.3.12 靠近排水立管底部的排水支管连接应符合下列要求：" 1 排水立管最低排水横支管与立管连接处距排水立管管底垂直距离不得小于表 4.3.12 的规定；

最低横支管与立管连接处至立管管底的最小垂直距离　表 4.3.12

立管连接卫生器具的层数	垂直距离（m）	
	仅设伸顶通气	设通气立管
≤4	0.45	按配件最小安装尺寸确定
5～6	0.75	
7～12	1.20	
13～19	3.00	0.75
≥20	3.00	1.20

注：单根排水立管的排出管宜与排水立管相同管径

（6）"4.3.18 室外排水管的连接应符合下列要求：

1 排水管与排水管之间的连接，应设检查井连接；"

2）《住宅设计规范》GB 50096—2011 中 5.4.4 条作为强条规定："卫生间不应直接布置在下层住宅的卧室、起居室（厅）、厨房和餐厅的上层。"

2. 常见问题对照上述规范条款的处理：

1）排水管不应布置在厨房操作间等的上空，如实在不可避开时，应在管道下面设挡水隔板将管道漏水或结露水引向合适的地方。

2）上层住户的卫生间不得布置在下层住户的居住起居室之上，这是强条规定，但对于跃式住宅，即同一住户内部的布置则不受此条限制。

3）排水管不应布置在电器用房及不应布置在电缆、电管之上，都是为了使用及检修安全，因此设计应采取避让措施。

4）污水干管的排水是否流畅，影响到其上部排水管段卫生器具的正常使用，因此污水干管不宜敷设太长，否则一是为保证其水力坡度需占用较大空间，如 DN100 的污水管 $i_{min}≥$ 0.012，当管长 $L=50$m 时，坡降 $h=$ 0.60m，即此污水管需占用约 0.8m 的空间；给整个管道综合带来困难；二是根据《建水规》4.3.7 条第 1 款之规定，管道应尽量少转弯，如转弯则要按标准角 45° 转，其敷设方式如图 5-11 所示：

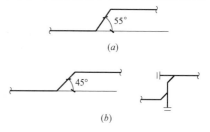

图 5-11　污水干管转变示意图
（a）错误图示；（b）正确图示

5）某六层建筑的仅设伸顶通气管的排水管连接图示（图 5-12）中的问题分析：

常见问题	剖析与修正
	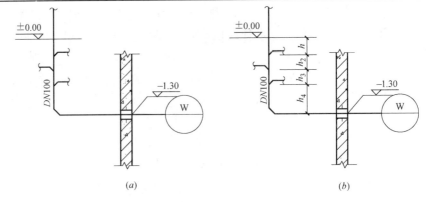

图 5-12 立管下部支管出户管连接示意图

(a) 问题图示；(b) 分析图示

问题剖析：

(1) 排水支管与立管均经管件连接，即连管尺寸是固定的，因立管下部连了三根支管，因此应按分析图示经管件尺寸计算标出 $h_1 \sim h_4$。

(2) 按《建水规》4.3.12 条之规定，对于六层建筑中仅设伸顶通气的最小垂直距离为 0.75m，而出户管标高为 -1.30m，即图中的 $h_1 + h_2 + h$ 需 ≤0.65m，这对于用排水管件连接的管段，是远不能满足的。

6) 塑料排水管因其刚性差，怕碰压，因此其出户管标高宜按车载荷地面要求考虑，其管顶覆土深 ≥0.70m。

7) 出户管与检查井连接如图 5-13 所示：

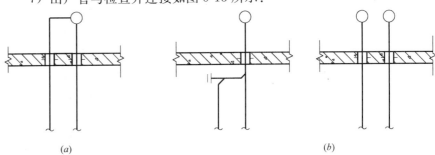

图 5-13 下水出户管与检查井连接示意图

(a) 错误图示；(b) 正确图示

排水出户管出户后不能转弯，其连接应符合《建水规》4.3.18 条第 1 款之规定。困难时，出户管在室内合并后出户。

8) 排水管穿越沉降缝的处理：

根据《建水规》4.3.3 条第 4 款之规定：

(1) 排水管不得穿越沉降缝，其原因一是防管道在穿越处被剪断或连接处损坏，二是防排水管倒坡，管段积水沉淀污物堵塞管道，影响使用。因此排水管的布置遇到沉降缝时应在其两边分开走管。

(2) 当实在难以避免时，应在穿越处设不锈钢波纹管，并且排水管的坡向应坡向建筑物沉降量大的一侧，使建筑物沉降时不会产生排水管的倒坡

5.4.2 附件设置问题

常见问题	剖析与修正
1. 卫生间地漏兼作清扫口用	卫生间排水管布置如图 5-14 所示。 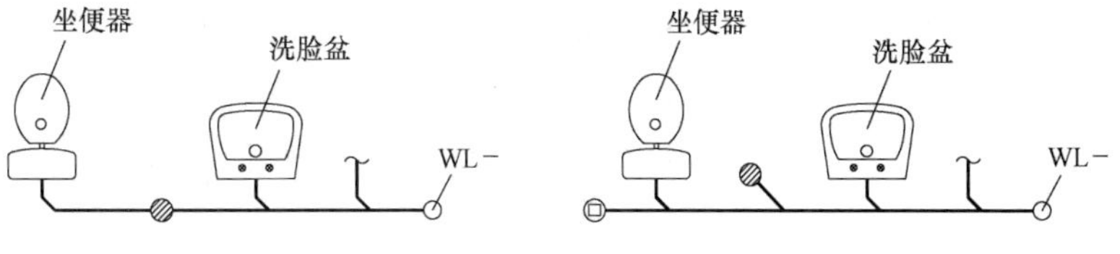 图 5-14 卫生间下水管布置示意图 （a）错误图示；（b）正确图示 图 5-14 中错误图示的问题是：地漏直接布置在排水横管上，将其兼作清扫口用。 《建水规》4.5.10A 条作为强条规定："严禁采用钟罩（机碗）地漏。"钟罩地漏的最大问题是水封深度小，且使用中人们可随意将钟罩掀起，使夹带污物的污、废水通过裸露的排水口排入排水管，引起排水管堵塞，而且移走钟罩时，排水管中污气将逸出严重污染室内空气；钟罩式地漏虽在规范中禁用，但建材市场仍是地漏主流产品，当如错误图示布置地漏时，容易产生上述使用问题；因此，卫生间排水管上地漏不应直接布置在管上方兼作清扫口用。清扫口应按《建水规》要求单独布置
2. 医院不同功能用房洗手盆等共用存水弯	《建水规》4.2.7 条规定："医疗卫生机构内门诊、病房、化验室、试验室等处不在同一房间内的卫生器具不得共用存水弯。" 医院等卫生机构内不同功能用房的卫生器具不得共用存水弯，是避免存水弯前连接的排水管与每个房间连通产生空气中病毒细菌等交叉传播。如每个器具均用独立的存水弯，其水封能隔绝各房间之间通过排水管造成的空气交叉污染
3. 存水弯重设或漏设	《建水规》4.2.6 条强条规定："当构造内无存水弯的卫生器具与生活污水管道或其他可能产生有害气体的排水管道连接时，必须在排水口以下设存水弯。存水弯的水封深度不得小于 50mm。严禁采用活动机械密封替代水封。" 4.2.7A 条规定："卫生器具排水管段不得重复设置水封。" 1. 卫生器具的排水设水封是防止排水管网污、臭气污染室内的关键措施，设计生活排水系统时先要了解卫生器具是否自带水封装置。常用的大、小便器均有自带水封和不带水封者，设计时可参见国标图集《卫生设备安装》09S304。 2. 凡自带水封的大、小便器，设计时则不得另加存水弯，否则将引起排水不畅，甚至堵塞
4. 塑料排水管未注明伸缩节，穿楼板等处未设阻火圈等防火措施	1.《建水规》4.3.10 条规定："塑料排水管道应根据其管道的伸缩量设置伸缩节，伸缩节宜设置在汇合配件处。排水横管应设置专用伸缩节。 注：1 当排水管道采用橡胶密封配件时，可不设伸缩节； 2 室内、外埋地管道可不设伸缩节。"

常见问题	剖析与修正
	塑料管对温度变化比金属管敏感，即线膨胀系数较大，为了保证管道不错位，不被拉伸破坏，塑料排水管应设伸缩节，设计应在说明中说明，并引用相应的国标图：《建筑排水塑料管道安装》10S406 作为施工安装参照图集。 2.《建水规》4.3.11 条规定："当建筑塑料排水管穿越楼层、防火墙、管道井井壁时，应根据建筑物性质、管径和设置条件以及穿越部位防火等级等要求设置阻火装置。" 塑料排水管穿越楼板和防火墙时设置阻火圈是为了防止火灾的蔓延，阻火圈在高温时将溶化封堵管道断面，可防止火焰通过。 设计在下列条件下应考虑设置阻火圈： 1）塑料排水立管穿楼板时： （1）高层建筑； （2）管径 $DN \geqslant 110mm$； （3）立管明设或管井末每层作防火封隔的暗设立管。 2）塑料横管穿防火墙时均需设阻火圈。 3）阻火圈设置位置： （1）立管穿越楼板处的下方； （2）管道井内是隔层防火分隔时，支管接入立管穿越管井壁处； （3）横管穿越防火墙的两侧。 4）阻火圈的耐火极限应等同建筑构件的耐火极限。 5）阻火圈安装可见国标准《建筑排水塑料管道安装》10S406

5.5 雨水系统及其他问题

5.5.1 雨水量计算参数及屋面雨水排水问题

常见问题	剖析与修正
见本书 1.2 节	雨水系统所需的计算雨水量公式及相关参数的选值、屋面雨水溢流口的计算等详见本书 1.2 中问题 5

5.5.2 雨水斗及雨水立管的设置

常见问题	剖析与修正
1. 屋面只设一根雨水立管； 2. 雨水斗之间距离太大，如屋面雨水斗间距 $L \geqslant 30m$，天沟中雨水斗间距 $L = 200m$； 3. 雨水悬吊管上雨水斗多于 4 个；	1.《建水规》4.9.27 条规定"建筑屋面各汇水范围内，雨水排水立管不宜少于 2 根。" 屋面雨水立管不宜少于 2 根，是保证屋面不积水不危害屋面结构安全的重要措施。雨水立管在施工及使用中出现堵塞是常发生的事故，如屋面只设一根立管，当其堵塞就会造成屋面雨水滞流带来的安全问题。 2. 设计屋面雨水排水时，除按计算雨水排水量布置雨水斗雨水立管之外，还应考虑雨水斗的布置不宜距离太远，其原因有二，一是屋面需按雨水斗位置找坡，坡度一般为 2%，如雨水斗间距太大，则屋面垫层太

常见问题	剖析与修正
4. 高低区屋面雨水斗同立管不满足规范要求	厚,荷载大,不经济;二是影响雨水的及时排除。因此,中国建筑设计院有限公司的技术措施规定:雨水斗间距宜为 12～24m。 3. 屋面采用天沟排水时,中国建筑设计院有限公司的技术措施规定:"流水长度不宜大于 50m,且坡度不宜小于 0.003;其沟底坡度按此计算,如雨水斗间距为 200m,由中间分流沟底最大高差为 $\Delta h = 100 \times 0.003 = 0.3m$,再加上过小断面水深,则天沟太深,施工不可能按此实施。设计应修改雨水斗及立管的布置,否则将造成天沟溢水的事故"。 4. 雨水悬吊管连接多个雨水斗(87斗),如图 5-15 所示: 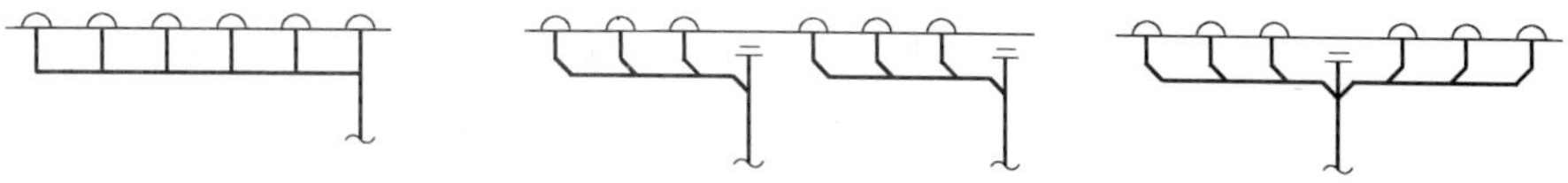 图 5-15 悬吊管连接多雨水斗示意图 (a) 错误图示;(b) 推荐图示;(c) 推荐图示; 1)中国建筑设计院有限公司的技术措施规定:悬吊管上雨水斗不得大于 4 个,理由是悬吊管上雨水斗太多,离立管远者排水能力降低很多,使屋面雨水不能及时排除; 2)有条件时宜采用图 5-15(b)图示; 3)多斗共悬吊管时,各斗的泄流量宜按离立管近、远 1:0.9:0.8 取值; 4)立管顶不宜设雨水斗,而宜采用图 5-15(b)、(c)的方式,这样可以减少靠立管最近雨水斗排水时对其他斗的影响。 5)雨水斗短管与悬吊管宜采用 TY 型三通连接,不宜采用正三通连接。 5. 高、低区屋面雨水立管不应共用。 《建水规》4.9.11 条规定:<u>高层建筑裙房屋面的雨水应单独排放。</u> 由于雨水立管在暴雨时有可能为满管压力流,如低层裙房屋面雨水与高层屋面雨水共用立管,则有可能高层屋面雨水从裙层屋面溢出,造成裙房屋面严重积水,影响屋面结构安全
5. 东北城市的雨水立管靠外墙敷设	《建水规》4.9.35 条规定:"寒冷地区,雨水立管<u>宜</u>布置在室内。" 寒冷地区尤其是东北属严寒地区的建筑,雨水立管如设在室外,雪、水入管后,管内易形成冰封破坏管道或接口,且易堵塞管道,影响泄水能力

5.5.3 雨水排水措施不当或遗漏

常见问题	剖析与修正
1. 地下车库出入口处漏设集水沟; 2. 下沉广场雨水排水未采取有效措施;	1. 地下停车库出入口坡道一般均露天设置,因此坡道起端与末端均宜设雨水截流沟,以阻止室外地面及坡道雨水流入车库内,地面上截水沟可通过连接管将雨水引入临近检查井,坡道底截水沟应设连接管引入临近雨、废水排水泵井。对此,《建水规》4.9.36B 条还规定<u>"地下车库出入口的明沟排水集水池的有效容积,不应小于最大一台排水泵 5min 的出水量"</u>。

常见问题	剖析与修正
	2. 对于下沉式广场的雨水排水，《建水规》4.9.36A 条规定："下沉式广场地面排水、地下车库出入口的明沟排水，应设置雨水集水池和排水泵提升排至室外雨水检查井。"4.9.36B 条规定："4 下沉式广场地面排水集水池容积，不应小于最大一台排水泵 30s 的出水量"。下沉式广场，尤其是当广场周边为商业中心或其他重要用房时，如雨水不能及时排出，甚至广场四周高处地面雨水倒流入广场时将产生严重水淹灾害，因此下沉式广场的雨水除满足规范提出的重现期取 50 年及其他要求外，还宜采用图 5-16 所示的防止高处地面雨水倒灌的措施 图 5-16 雨水排水泵出水管示意图

5.5.4 雨水管管材选用不当

常见问题	剖析与修正
1. 焊接钢管； 2. 高层建筑雨水管用排水 PVC-U 管	《建水规》4.9.26 条对雨水管用管材作了如下规定： "1. 重力流排水系统多层建筑宜采用建筑排水塑料管，高层建筑宜采用耐腐蚀的金属管、承压塑料管； 2. 满管压力流排水系统宜采用内壁较光滑的带内衬的承压排水铸铁管、承压塑料管和钢塑复合管等，其管材工作压力应大于建筑物净高度产生的静水压。用于满管压力流排水的塑料管，其管材抗环变形外压力应大于 0.15MPa"。 《建筑给水排水及采暖工程施工质量验收规范》GB 50242—2002 中 5.3.1 条规定"安装在室内的雨水管道安装后应作灌水试验，灌水高度必须到每根立管上部的雨水斗。" 1. 根据以上规定，雨水管应选用承压的管道，不能选用不承压的排水 PVC-U 管。即便重力流雨水系统，当遇到暴雨时，也可能部分管段或全立管满流承压。尤其是高层建筑因雨水立管长，满流时承受压力大，如选用排水 PVC-U 管，则易造成爆管喷水事故。 2. 对于超高层建筑雨水立管的灌水试验，《建筑屋面雨水排水系统技术规程》CJJ 142—2014 中 10.3.2 规定："当立管高度小于或等于 250m 时，灌水高度应达到每个系统每根立管上部雨水斗位置；当立管高度大于 250m 时，应对下部 250m 高度管段进行灌水试验，其余部分应进行通水试验，灌水试验持续 1h 后，管道及其所有连接处应无渗漏现象。"设计超高层时雨水管应按此条要求选用耐高压的管材及作相应的灌水试验。 3. 焊接钢管虽能承压，但不防腐。雨水管处于干湿交替使用状态，管道更易腐蚀，而安装在室内的雨水管更换困难，因此，北京市早就有雨水管不得使用焊接钢管的规定。其他地方亦适用此规定

5.5.5 其他问题

常见问题	剖析与修正
1. 阳台排雨水用地漏排水； 2. 医院污水处理调节池容积偏小； 3. 中水清水、雨水净水共用水池，未预留雨水容积	1. 地漏有带水封和不带水封者。因此《建水规》4.5.9 条有"带水封的地漏水封深度不得小于 50mm"的规定。 阳台排雨水采用地漏时应注明不带水封地漏或地漏箅子。因雨水系统直通大气，不需设水封，如采用带水封的地漏来排雨水，则水封易被夹带泥沙等杂物堵塞，严重影响泄水能力，造成阳台积水。 2. 医院污水必须进行处理，当进行二级处理时，污水调节池的容积宜按《建筑中水设计规范》GB 50336—2002 的 5.3.2 条设计计算，即："1. 连续运行时，调节池（箱）的调节容积可按日处理水量的 35%～50% 计算。2. 间歇运行时，调节池（箱）的调节容积可按处理工艺运行周期计算。" 3. 当中水清水与净化后的雨水合用贮水池（箱）时，应留出雨水贮水的空间。否则当雨水构筑物运行时，处理好的雨水没有去处，得不到合理应用
4. 施工图中雨水管连接同给水管	《建水规》4.9.30 条规定："屋面雨水排水管的转向处宜作顺水连接。"排水不同给水，大部分时间均是不满流，如采用如图 5-17（a）所示连管，汇合处管段水流碰撞，既影响两侧泄流量，又易使雨水中夹带杂物沉积堵塞管道。 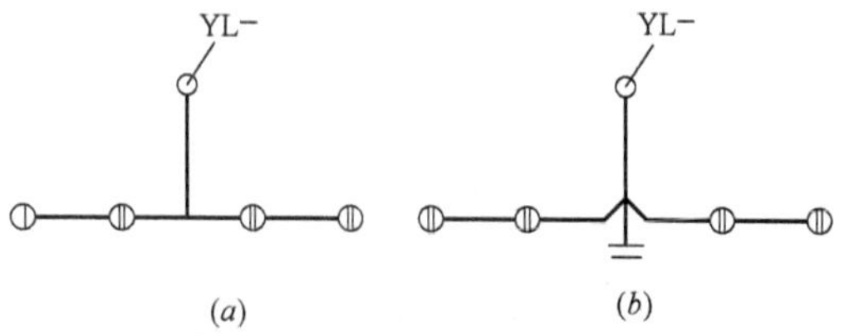 图 5-17 雨水连接示意图 （a）错误图示；（b）正确图示

6 消火栓给水系统

6.1 系统与控制

常见问题	剖析与修正
1. 小区或多栋建筑共用消火栓系统时，缺消火栓总系统示意图	当小区或多栋建筑共用消火栓系统时，应有一个消火栓总系统示意图，其重要性及作用已在本书 1.2 节中阐述清楚。 总系统示意图的表示深度可参见本书附图 2
2. 建筑高度计算有误，引起设计消防流量偏小	1. 建筑高度的定义 对于建筑高度，《建筑设计防火规范》GB 50016—2014（以下简称《新建规》）附录 A 的 4.0.1 条作了详细规定，"1、建筑屋面为坡屋面时，建筑高度应为建筑室外设计地面至其檐口与屋脊的平均高度。2、建筑屋面为平屋面（包括有女儿墙的屋面）时，建筑高度应为建筑室外设计地面至其屋面面层的高度。" 2. 工程设计时，建筑高度一般由建筑专业提供，但本专业应予核对。如有的工程为了降低消防等级，建筑高度取 49.9m、99.9m 等，这样消防可按低于 50m、100m 设计。如某一类公建工程，建筑提供建筑高度为 49.8m，但它是从室内地坪标高算起的高度。《消防给水及消火栓系统技术规范》GB 50974—2014（以下简称《消水规》）中 3.5.2 条，表 3.5.2 中规定：高层的一类公共建筑：建筑高度 $h<50m$ 与 $h\geqslant50m$ 者，其消火栓设计流量分别为 30L/s 和 40L/s。对此，消火栓系统设计时应对建筑高度进行核实。工程审定时发现建筑室外设计地面标高为 $-0.30m$，实际建筑高度为 50.1m，即消防流量应按 $q=40L/s$ 计算，如不修改设计，消防设计流量按 $q=30L/s$ 计算，将引起计算消防水池、消防水泵及管网计算的一系列错误，有火灾事故时还将承担法律责任
3. 消火栓系统分区问题 1）系统静压计算不计算稳压泵的工作压力； 2）系统静压≥1.0MPa 时，用减稳压消火栓代替系统分区	1.《消水规》的有关规定： 1）6.2.1 条："2 消火栓栓口处静压大于 1.0MPa"时，消防给水系统应分区供水。 2）2.1.11 条："静水压力为消防给水系统管网内水在静止时管道某一点的压力，简称静压。" 3）5.3.3 条："稳压泵的设计压力应符合下列要求： 1 稳压泵的设计压力应满足系统自动启动和管网充满水的要求； 2 稳压泵的设计压力应保持系统自动启泵压力设置点处的压力在准工作状态时大于系统设置自动启泵压力值，且增加值宜为 0.07～0.10MPa； 3 稳压泵的设计压力应保持系统最不利点处水灭火设施在准工作状态时的静水压力应大于 0.15MPa。"

常见问题	剖析与修正
	2. 分区静水压力值的计算（图6-1） 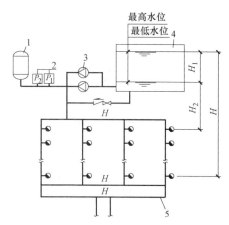 图6-1　分区静压值计算示意图 1—气压罐；2—压力传感器；3—稳压泵；4—消防水箱；5—消防管网； P_1、P_2 启、停泵压力值 设图6-1最低处消火栓的静压为 P_3，则 $(P_1+H)<P_3<(P_2+H)$ P_3 的最大值为 P_2+H，P_1、P_2 的计算如下： $P_1>15-H_1$ 且 $\geqslant H_2+7$ $P_2=P_1/0.8$； 系统设计时，当 $P_3>1.0MPa$ 时则应分区。 3. 不能采用减稳压消火栓代替系统分区。 《消水规》规定消火栓栓口处静水压 $>1.0MPa$ 时分区是为了整个消防管网、阀件等不常处于高压状态，有利于保证系统的安全使用和延长系统的使用寿命，而减稳压消火栓只减动压不减静压，且即便能减静压，它也只能减消火栓局部地方的静压，不能减相应管网的静压。因此，分区消防系统应采用分区减压或直接用消防泵分区
4. 引入管设计问题 1）从同侧市政给水干管引入两条引入管作为两路消防供水； 2）引入管管径计算未计入生活用水量； 3）引入管管径不同	1.《消水规》对两路消防供水的规定："<u>4.2.2 用作两路消防供水的市政给水管网应符合下列要求：</u> <u>1 市政给水场应至少有两条输水干管向市政给水管网输水；</u> <u>2 市政给水管网应为环状管网；</u> <u>3 应至少有两条不同的市政给水干管上不少于两条引入管向消防给水系统供水。</u>" 此条规定对两路消防供水的条件已阐述清楚，从同侧市政给水干管引入两条引入管，实质是一路供水，当此干管出问题时，则整个室外消防供水中断。 2.《消水规》8.1.1条对引入管设计流量的规定："<u>3 工业园区、商务区和居住区等区域采用两路消防供水，当其中一条引入管发生故障时，其余引入管在保证满足70%生产生活给水的最大小时设计流量条件下，应仍能满足本规范规定的消防给水设计流量。</u>" 一般工程的室外消防与生活生产给水共用环管，消防灭火用水时，不

常见问题	剖析与修正
	可能将其他用水自行关断，因此，《消水规》作出了上述规定，《建水规》中亦有相似条文。设计计算管径时，可按《消水规》4.3.5 条规定的"给水管的平均流速不宜大于 1.5m/s"和以上规定的总设计流量（消防给水设计流量＋70%的生产生活最大小时设计流量）来选择管径。 3. 从市政给水干管引入的两条引入管管径均宜相同，个别项目两引入管不同管径，根据上款的分析，引入管的最小管径已经确定，如两引入管不同管径，则管径小者应满足上款计算引入管管径的要求
5. 商业楼或＞200m² 的商业网点漏设消防软管卷盘	消防软管卷盘是供普通人员就近及时使用的简易轻便喷水灭火设施，是扑灭初起小火的有效措施。我国港澳地区及国外早就广泛应用。为此，1995 年版的《高层民用建筑设计防火规范》（以下简称《原高规》）中就将其纳入了灭火设施条款。《新建规》8.2.4 条则进一步规定："人员密集的公共建筑、建筑高度大于 100m 的建筑和建筑面积大于 200m² 的商业服务网点内应设置消防软管卷盘或轻便消防水龙。高层住宅建筑的户内宜设置轻便消防水龙。" 因此，消防系统设计中对于商店、展览馆、餐饮、营业餐厅、体育馆、剧院等人员密集的建筑及高度＞100m 高层建筑等均应设置软管卷盘。设置的方式可参照国标图集《室内消火栓安装》15S202 中，带消防软管卷盘的图式选用
6. "系统控制"说明中的问题 1）缺备用泵启动说明； 2）缺"消防泵只能手动停泵"的说明； 3）干式消火栓系统仅有"电动阀与水泵联动"的简单说明	1. 消防泵的备用泵启动方式及要求在设计消防系统时应向电气专业提出要求。因为消防系统长期不使用，加上日常对消防泵的维护管理不到位时，一旦发生事故，有可能消防主泵不能工作，需立即启动备用泵，对此《消水规》13.1.4 条规定："2 以备用电源切换方式或备用泵切换启动消防水泵时，消防水泵应在 1min 或 2min 内投入正常运行"。 2. 消防泵一旦工作，便不能自动停泵。其理由是灭火过程情况复杂，真正灭火只能消防人员判断，如灭火过程中自动停泵，则可能严重影响灭火效果，因此《消水规》对此有两条强制性条款：1）11.0.1 条规定："1 消防水泵控制柜在平时应使消防水泵处于自动启泵状态；"2）11.0.2 条规定："消防水泵不应设置自动停泵的控制功能，停泵应由具有管理权限的工作人员根据火灾扑救情况确定。" 3. 干式消火栓系统的设计要点： 1）设置干式消火栓系统的条件： 《消水规》规定："7.1.3 室内环境温度低于 4℃或高于 70℃的场所，宜采用干式消火栓系统。" 按此条规定，一般民用建筑中室内环境温度高于 70℃者基本没有，但低于 4℃者如北方地区的地下车库，有的冬季停用的公共建筑，其室内温度均会低于 4℃，这类工程设计如同自动喷洒采用干式或预作用系统一样，可采用干式消火栓系统。 2）《消水规》对于干式消火栓系统的设置要求："7.1.6 干式消火栓系统的充水时间不应大于 5min，并且应符合下列规定： 1 在供水干管上宜设干式报警阀、雨淋阀或电磁阀、电动阀等快速启

常见问题	剖析与修正
	闭装置；当采用电动阀时开启时间不应超过30s； 　　2 当采用雨淋阀、电磁阀和电动阀时，在消火栓箱处应设置直接开启快速启闭装置的手动按钮； 　　3 在系统管道的最高处应设置快速排气阀。" 　4. 干式消火栓系统如图6-2所示： 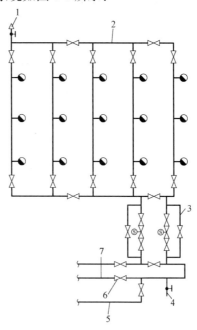 图6-2　干式消防系统示意图 1—快速排气阀；2—干式消火栓管网；3—控制阀组；4—泄空管； 5—泄水管；6—带启、闭信号阀门；7—消防供水 　5. 图示系统说明： 　1) 干式消火栓系统的关键组件是控制阀组。按上述《消水规》规定，控制阀可采用： 　（1）干式报警阀组； 　（2）雨淋阀组； 　（3）电磁阀； 　（4）电动阀。 　设计采用（1）（2）阀组时，可不需按图6-2所示加旁通手动阀门；如采用（3）（4），则因这两种阀长期不用时易出故障，应设旁通手动阀门或设带有手动阀的电动阀、电磁阀。以保证消防时管网迅速充水。 　2) 宜按图6-2所示设泄水管和泄空管。其理由为： 　（1）干式消火栓系统需经调试和定时试运行以保证系统的安全运行。《消水规》对此进行规定如下，<u>13.1.2条"7 干式消火栓系统的报警阀等快速启闭装置调试，并应包含报警阀的附件电动阀或电磁阀等阀门的调试"；13.2.17条"1 干式消火栓报警阀动作，水力警铃应鸣响压力开关动作"；"4 干式消火栓系统的干式报警阀的加速排气器动作后，应有反馈信号显示"。</u>

常见问题	剖析与修正
	按上述条款调试和试运行时，系统充水后需及时排空。 （2）干式系统自动控制阀根据《消水规》11.0.19条规定，可用消火栓按钮启动。当其误按钮启动控制阀时，系统充水需排空。 （3）泄水管宜接入消防水池，不浪费水资源，泄空管为用于当干式消防管网低于消防水池时泄空系统中残留水

6.2 消防水池、消防泵

常见问题	剖析与修正
1. 消防水池与消防泵吸水管布置问题： 1）容积 $V > 500m^3$ 未分格； 2）分格两池容积相差大； 3）水泡系统单设水池； 4）消防泵吸水管只能从一格水池取水； 5）共用吸水总管一格水池只有一根吸水管； 6）两格水池连通管管径 $DN150$、$DN200$； 7）吸水喇叭口距最低有效水位300mm； 8）吸水管布置不满足自灌的要求	1.《消水规》对消防水池与消防泵吸水管布置的部分规定： 1）4.3.6条"消防水池的总蓄水有效容积大于 $500m^3$ 时，宜设两格能独立使用的消防水池；当大于 $1000m^3$ 时，应设置能独立使用的两座消防水池。每格（或座）消防水池应设置独立的出水管，并应设置满足最低有效水位的连通管，且其管径应能满足消防给水设计流量的要求。" 2）4.3.9条"1 消防水池的出水管应保证消防水池的有效容积能被全部利用；" 3）5.1.12条消防水泵吸水应符合下列规定： "1 消防水泵应采取自灌式吸水；" "3 当吸水口处无吸水井时，吸水口处应设置旋流防止器。" 4）5.1.13条离心式消防水泵吸水管、出水管和阀门等，应符合下列规定： "1 一组消防水泵，吸水管不应少于两条，当其中一条损坏或检修时，其余吸水管应仍能通过全部消防给水设计流量"； "4 消防水泵吸水口的淹没深度应满足消防水泵在最低水位运行安全的要求，吸水管喇叭口在消防水池最低有效水位下的淹没深度应根据吸水管喇叭口的水流速度和水力条件确定，但不应小于600mm，当采用旋流防止器时，淹没深度不应小于200mm"。 2. 消防水池与消防泵吸水管布置图示见表6-1

消防水池与消防泵吸水管布置示意　　　　　表6-1

错误图示	正确图示
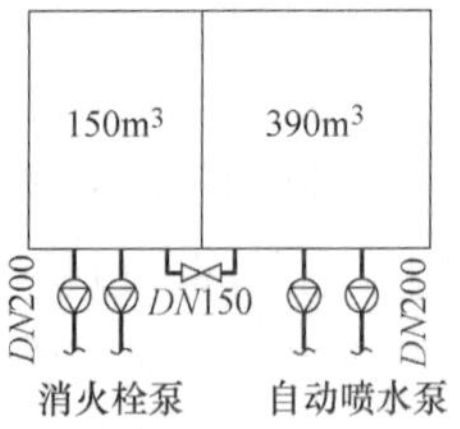 错误点： 1）两格水池容积差太多； 2）连通管管径＜吸水管管径，连通管管径应按消火栓泵和自动喷洒泵流量之和选； 3）两组泵只能从一格水池取水。	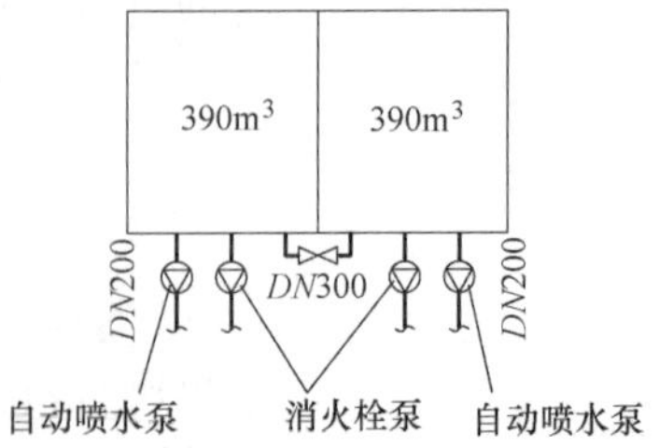

常见问题	剖析与修正

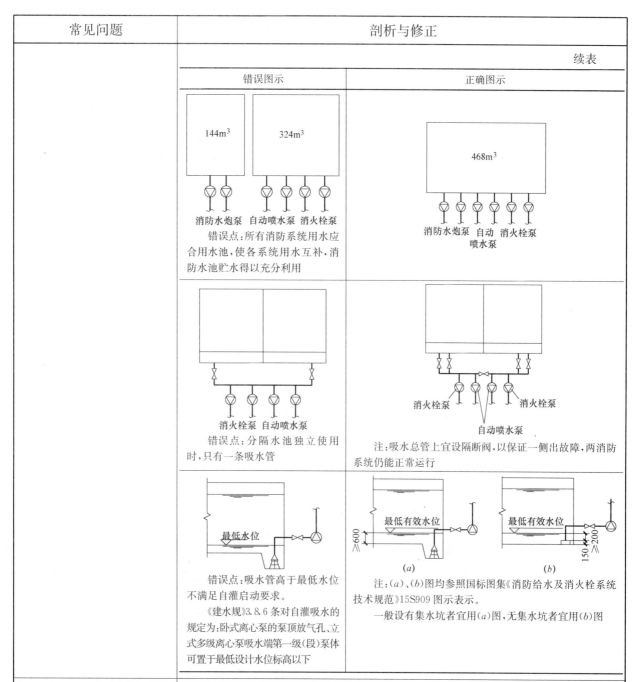

续表

错误图示	正确图示

错误点：所有消防系统用水应合用水池，使各系统用水互补，消防水池贮水得以充分利用

错误点：分隔水池独立使用时，只有一条吸水管

注：吸水总管上宜设隔断阀，以保证一侧出故障，两消防系统仍能正常运行

错误点：吸水管高于最低水位不满足自灌启动要求。

《建水规》3.8.6条对自灌吸水的规定为：卧式离心泵的泵顶放气孔、立式多级离心泵吸水端第一级（段）泵体可置于最低设计水位标高以下

注：(a)、(b)图均参照国标图集《消防给水及消火栓系统技术规范》15S909图示表示。

一般设有集水坑者宜用(a)图，无集水坑者宜用(b)图

2. 消防泵吸水管、压水管设计的其他问题： 1）未注明水泵吸水管与总水管采用管顶平接； 2）吸水喇叭口无支架； 3）吸水管用未注明带自锁装置的蝶阀； 4）吸水管穿池壁未用柔性防水套管； 5）吸、压水管管径不经计算，不同流量统一管径	1. 《消水规》5.1.13条的有关规定： "2 消防水泵吸水管布置应避免形成气囊"； "5 消防水泵的吸水管上应设置明杆闸阀或带自锁装置的蝶阀，但当设置暗杆阀门时应设有开启刻度和标志；当管径超过*DN*300时，宜设置电动阀门"； "7 消防水泵吸水管的直径小于*DN*250时，其流速宜为1.0～1.2m/s；直径大于*DN*250时，宜为1.2～1.6m/s"； "8 消防水泵出水管的直径小于*DN*250时，其流速宜为1.5～2.0m/s；直径大于*DN*250时，宜为2.0～2.5m/s"； "11 消防水泵的吸水管穿越消防水池时，应采用柔性套管；采用刚性防水套管时应在水泵吸水管上设置柔性接头，且管径不应大于*DN*150"。 2. 消防泵吸水管、总管连接如图6-3所示：

常见问题	剖析与修正
	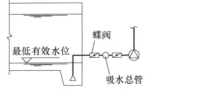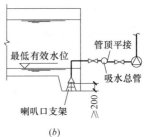 图 6-3 消防泵吸水管、总管连接示意图 (a) 错误图示；(b) 正确图示 注：1. 吸水口喇叭下设支架是为了固定吸水管，防止水泵运行时吸水管晃动； 　　2. 吸水管不用蝶阀是不带自锁装置的蝶阀易在水泵运行时振动引起蝶阀自行关闭； 　　3. 水泵吸水管与总管连接，即不同管径连接，为防止吸水总管上空形成气囊，影响水泵工作，应采用管顶平接。 　　3. 消防水泵吸水管穿池壁应设柔性防水套管。水泵运行时，吸水管有振动，消防水泵功率大，又是硬启动，则吸水管的振动更大，因此，其吸水管穿水池壁时应设柔性防水套管以减轻振动，且套管处渗水时便于修复。 　　由于柔性防水套管比刚性防水套管加工、安装复杂、造价较高，因此除水泵吸水管穿池壁应用柔性防水套管外，其他无振动的穿壁短管均可采用刚性防水套管。 　　4. 消防泵吸压水的管径应通过水力计算确定。管径过小如个别工程消防流量为 $q = 40\text{L/s}$，部分干管管径采用 $DN100$ 管，其流速达 $V > 5.0\text{m/s}$，水泵运行时，管段如此高的流速将产生很大振动，且管段水头损失、水泵扬程及功率均需大幅提高。与此相反有的工程消防设计流量为 $q = 10\text{L/s}$，全部管网管径均为 $DN150$，相应流速为 $V = 0.57\text{m/s}$，管径偏大，不经济，且安装占地大。 　　因此，消防泵吸、压水管管径应按设计流量和上述《消水规》5.1.13 条，第 7、8 款规定的流速合理选择。表 6-2 可供参考。

消防泵吸、压水管管径　　　　　　表 6-2

设计流量 q(L/s)	吸水管管径(mm)	压水管管径(mm)
10	100	100
15	150	100
20	150	150
25	200	150
30	200	150
40	250	200
50	250	200
60	250	200

常见问题	剖析与修正
3. 消防水补水及附属装置： 　　1）补水管管径为 $DN50$、$DN80$ 等且只有一路补水； 　　2）未注明补水管口与溢水位之间距； 　　3）缺水位计、铁爬梯	1. 消防水池补水管等如图 6-4 所示 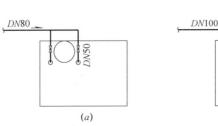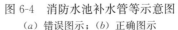 图 6-4 消防水池补水管等示意图 (a) 错误图示；(b) 正确图示

常见问题	剖析与修正
	2. 问题分析： 1)《消水规》对补水管的规定： （1） 4.3.5 条："1 消防水池应采用两路消防给水"； （2） 4.3.3 条： "消防水池进水管管径应经计算确定，且不应小于 DN100"。 2)《建水规》3.2.4C 条规定："从生活饮用水管网向消防、中水和雨水回用等其他用水的贮水池（箱）补水时，其进水管口最低点高出溢流边缘的空气间隙不应小于 150mm"。设计消防水池剖面图时，应注明补水管管口与水池溢流水位之距离为 150mm。 3) 人孔处池壁内外应设供检修人员使用的耐腐蚀坚固的铸铁爬梯。 4) 按本书 3.2.3 条要求设置水位计
4. 消防水池内设自洁式消毒器	1. 消防用水是一种特况用水，非生活饮用，因此对其水质并无特殊要求。《消水规》对消防水水质的条款为： 1) "4.1.3 消防水源应符合下列规定： 1 市政给水、消防水池、天然水源等可作为消防水源，并宜采用市政给水； 2 雨水清水池、中水清水池、水景和游泳池可作为备用消防水源。" 2) "4.1.4 消防给水管道内平时所充水的 pH 值应为 6.0～9.0。" 规范对消防水 pH 值要求为 6～9，是为了防止水酸碱度太高对消防管道设施等造成腐蚀。除此之外，并未提及另外水质要求。 对于民用建筑，绝大部分工程都是采用市政水即生活饮用水作水源，其 pH 值均满足上述要求。因此，不必专为消防用水设消毒设施。 2. 自洁式消毒器的工作原理是利用水中的氯化物，通过微电解产生氧化性物质，对贮水进行消毒和抑菌抑藻处理，并通过循环处理使含消毒成分的水不断清洁水箱（池）壁。由于消防水池长期滞水不流动，即水中的氯化物得不到补充，消毒器将使用失效
5. 冷却塔补水等与消防水共池无确保消防用水不被动用措施 1) 冷却水补水泵与消防吸水总管连接吸水； 2) 冷却水补水泵吸水管无保证消防水位措施	1.《消水规》4.3.8 条规定："消防用水与其他用水共用的水池，应采取确保消防用水量不作他用的技术措施。" 冷却水补充水与消防水共池时，二者不能共用吸水总管，冷却水补水泵吸水管的布置应如本书图 3-13 所示
6. 消防泵试水管的设置： 1) 试水管连接位置不合适； 2) 试水管泄水未入消防水池；	1. 消防泵试水管布置如图 6-15 所示。 2. 图例剖析： 1)《消水规》5.1.11 条对试水管的规定："4 每台消防水泵出水管上应设置 DN65 的试水管，并应采取排水措施。"试水管管径为 DN65 即为 $q=5L/s$ 消火栓的连接短管管径，因此设计试水管管径应为 DN65。

常见问题	剖析与修正
3）试水管管径过大或过小	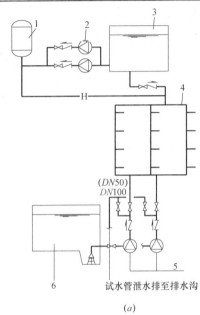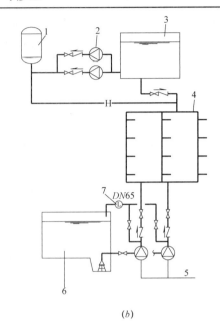（DN50）DN100　7　DN65 试水管泄水排至排水沟 （a）　（b） 图 6-5　消防水泵试水管示意图 （a）不合理图示；（b）正确图示 1—气压罐；2—稳压泵；3—高位消防水箱；4—消防管网； 5—消火栓泵；6—低位消防水池；7—流量计 　　2）试水管宜连到出水管的止回阀之前。如按图 6-5（a）所示，试水时应关闭高位水箱及稳压泵出水管上阀门，以防其干扰试水，如按图 6-5（b）所示，则试水与高位水箱出水无关，不必去关阀门。 　　3）试水管应将泄水泄入水池，以利节水。 　　4）按《消水规》"5.1.11 一组消防水泵应在消防水泵房内设置流量和压力测试装置"的规定，可在试水管上设流量计，方便检测消防泵流量
7. 消防水泵扬程计算问题： 　　1）室内消火栓加压泵扬程 P 偏高偏低 　　（1）体量不大的单栋建筑 $P>（0.01H+0.7）$ MPa 　　（2）$P<（0.01H+0.2）$ MPa（H 为计算几何高差） 　　2）低压室外消火栓加压泵扬程 　　$P=0.5\sim0.7$ MPa	1. 室内消火栓加压泵扬程计算如图 6-6 所示： 　　计算公式 $$P=(1.2\sim1.4)(\sum P_f+\sum P_p)+0.01H+P_0$$ （6-1） 式中：P——消防水泵扬程（MPa）； 　　　　P_f——管道沿程阻力损失（MPa）； 　　　　P_p——局部阻力损失（MPa）； 　　　　H——消防水池最低有效水位至最不利消火栓（一般为试验消火栓）的几何高差（m）； 　　　　P_0——消火栓栓口动压（MPa）（$P_0=0.25$ MPa 或 $P_0=0.35$ MPa）。 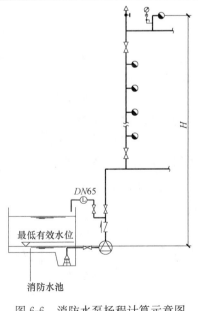DN65　最低有效水位　消防水池 图 6-6　消防水泵扬程计算示意图

常见问题	剖析与修正
	按式（6-1）估算 P 值（供校、审图用），在水平干管管长≤500m，并按本书表6-2选择管径时： 当 $P_0=0.25$MPa 时，$P=H+(40\sim55)$ m； $P_0=0.35$MPa 时，$P=H+(50\sim65)$ m

6.3 高位水箱（池）稳压泵

常见问题	剖析与修正
1. 高位消防水箱（池） 1）高位消防水箱的补水： （1）补水管管径 $DN25\sim DN100$ 偏小偏大； （2）未标补水管口与溢流水位之间距	1.《消水规》5.2.6条中对高位消防水箱补水的规定： "5 进水管的管径应满足消防水箱8h充满水的要求，但管径不应小于 $DN32$，进水管宜设置液位阀或浮球阀"； "6 进水管应在溢流水位以上接入，进水管口的最低点高出溢流边缘的高度应等于进水管管径，但最小不应小于100mm，最大不应大于150mm"； "7 当进水管为淹没出流时，应在进水管上设置防止倒流的措施或在管道上设置虹吸破坏孔和真空破坏器，虹吸破坏孔的孔径不宜小于管径的1/5，且不应小于25mm。但当采用生活给水系统补水时，进水管不应淹没出流"； "11 高位消防水箱的进、出水管应设置带有指示启闭装置的阀门"。 上述条款对高位水箱补水管的设置已很清楚和具体。 2. 设计可根据高位水箱容积大小参照表6-3选择补水管管径： 高位水箱补水管管径　　　　　　　　　　　表6-3 表见下

高位水箱补水管管径　　　　　　　表6-3

水箱有效容积（m³）	补水管管径 DN(mm)
6	32
12	32
18	32
36	40
50	50
100	65

常见问题	剖析与修正
2）高位消防水池只有一条补水管，分设两个浮球阀补水，且管径为 $DN50$	《消水规》4.3.11条对高位消防水池补水的规定： "3 除可一路消防供水的建筑物外，向高位消防水池供水的给水管不应少于两条"。 高位消防水池是常高压消防给水系统的核心部分。它需直接保证消防用水的水量和压力。因此，其补水如同前述低位消防水池一样，应两路供水，其供水管管径亦应≥$DN100$
3）转输水箱的补水由自控转输泵补水	1. 超高层建筑消防给水系统的转输水箱补水不能采用转输泵补水，应另由生活给水系统设补水管补水。 因消防转输泵只在消防时才工作，其停泵不能自动控制，如让其补水，将会严重浪费水资源。如设自动启、停泵控制，则违反了《消水规》的11.0.2条"消防水泵不应设置自动停泵的控制功能"的强条。

常见问题	剖析与修正
	2. 消防水池（箱）补水管连接见图6-7。 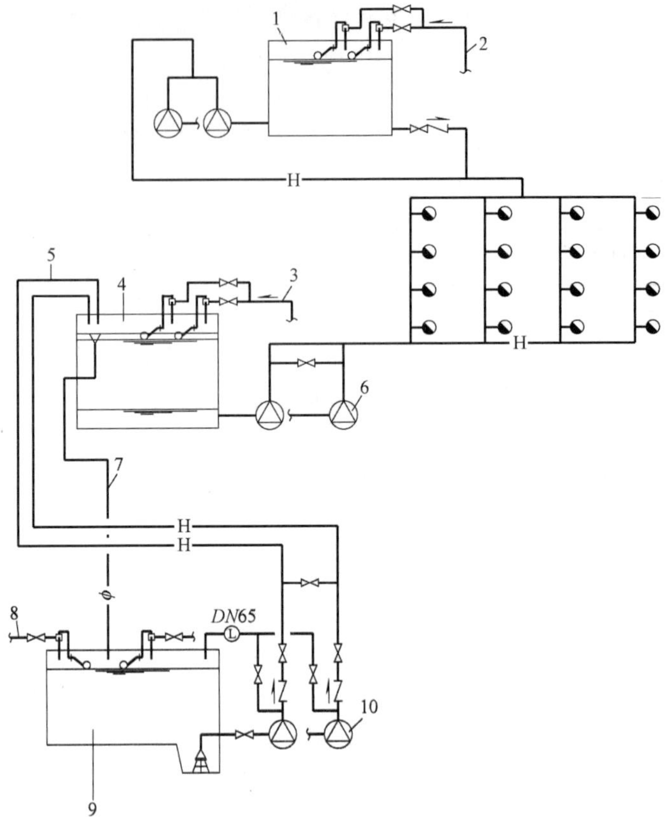 图6-7　消防水池时（箱）补水管示意图 1—高位消防水箱；2—高区生活给水系统补水管；3—高（中）区生活给水系统补水管； 4—转输水箱；5—转输管；6—高区加压泵；7—溢水管；8—市政给水补水管（两路）； 9—低位消防水池；10—转输泵 消防水池（箱）均由生活给水系统补水，不同点： （1）低、高位消防水池均需两路补水且补水管管径≥*DN*100； （2）高位消防水箱，转输水箱可由一路补水，其管径参见表6-3
4）高位消防水箱溢水管： （1）管径偏小； （2）溢水至地面经地漏排水	1.《消水规》对高位消防水箱及转输水箱溢流管的规定： 1）5.2.6条"8 溢流管的直径不应小于进水管直径的2倍，且不应小于*DN*100，溢流管的喇叭口直径不应小于溢流管直径的1.5～2.5倍"； 2）6.2.3条"2 串联转输水箱的溢流管宜连接到消防水池"。 2. 对于确定消防水池（箱）溢流管管径的建议： 　《建水规》3.7.7条第5款对于水池（箱）溢流管的管径计算规定为："溢流管的管径，应按能排泄水塔（池、箱）的最大入流量确定，并宜比进水管管径大一级。" 　对比上述《消水规》5.2.6条第8款之规定，两者相差很大。例如转输水箱的转输水管的转输流量为70L/s（室内消火栓流量40L/s，自动喷水流量30L/s）时，其管径为*DN*250，其相应溢水管按两规范条款设计时，分别为*DN*300和*DN*500。查圆形断面重力流排水管水力计算表得

常见问题	剖析与修正
	知：DN300 排水管在 $i=0.01\sim0.07$。充满度为 1.0 时的排水流量为 90.8~240.4L/s。因此从排泄能力分析，溢水管比进水管放大一级完全满足要求，并有相当的安全裕量。据此建议： 1）对于高位消防水箱（池）的溢水管管径，按照《消水规》5.2.6 条之要求，补水管管径 $DN\leqslant50mm$ 者，可选用 $DN100$，补水管管径等于 $65\sim100mm$ 者，可选 $DN150$、$DN200$。 2）对于转输水箱，溢流管管径可按比进水管管径大一级设计。 3. 高位水箱（池）的溢、泄水管布置参见本书 3.2.3 问题 4 中的处理。 4. 转输水箱的溢水管应满足《消水规》6.2.3 条之要求，引至低位消防水池。由于消防转输泵不能自动依水位停泵，水泵启动后即全流量转输消防用水至转输水箱，而初期灭火用水一般均小于转输流量，为了减少消防用水的无效流失，将转输水箱溢水管引入低位消防水池是一项重要措施
5）水箱形状为 L 型、H 型	高位消防水箱一般均用钢板箱体，不规则形状的钢板水箱于抗震不利，参见本书 3.2.1 条
6）高位消防水箱出水管止回阀的设置： （1）漏设； （2）重设； （3）未提低阻力要求	1. 高位消防水箱引至消火栓环管和自动喷洒管网的出水管上设止回阀，一是为了防止消防加压泵启泵后，消防水量返流至高位水箱溢流，使其得不到有效利用，二是保证消防灭火用水的水量和水压。 2. 高位消防水箱出水管如图 6-8 所示： 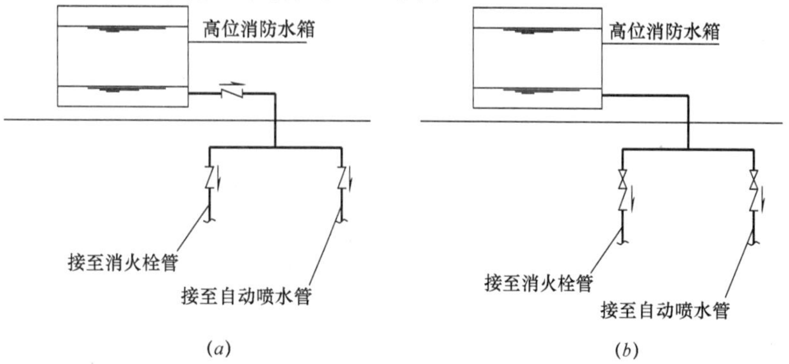 图 6-8 高位消防水箱出水管示意图 (a) 错误图示；(b) 正确图示 注：1. 图 6-8（a）所示中止回阀重设，依靠水箱水位重力难以克服两个止回阀的开启阻力，使高位消防水箱失去作用； 2. 如图 6-8（b）所示，至管网只设一个止回阀并在有条件时宜将止回阀设在水箱的下一层，增大阀前水头，有利于止回阀的开启； 3. 采用低阻力止回阀，以保证在水箱水位重力作用下能开启止回阀； 4. 止回阀前宜加检修和更换用阀门
2. 稳压泵 1）与高位消防水箱连接的稳压泵选用国标图"Ⅱ"型下置式泵组或选泵 H 偏高	1.《消水规》对稳压泵功能的转变。 1）用词的改变： 原《高规》用词为增压水泵，《消水规》为稳压泵。 2）功能的转变： 原《高规》规定：增压水泵出水量应满足一个消火栓或一个喷头的用水量，配合气压罐时应保证两支水枪和 5 个喷头 30s 的用水量。即增压水

常见问题	剖析与修正
	泵有保证初期灭火的要求。
	《消水规》5.3.2 条规定为："1 稳压泵的设计流量不应小于消防给水系统管网的正常泄漏量和系统自动启动流量"，即稳压泵的作用，是补漏和保证系统中报警阀压力开关等自动启动流量要求，没有初期灭火的要求。
	2. 稳压泵的流量和扬程的设计计算：
	1）《消水规》5.3.2 条对稳压泵设计流量的规定："2 消防给水系统管网的正常泄漏量应根据管道材质、接口形式等确定，当没有管网泄漏量数据时，稳压泵的设计流量宜按消防给水设计流量的 1% ~ 3% 计，且不宜小于 1L/s"；
	2）《消水规》5.3.3 条对稳压泵设计压力的规定见本书 6.1 节问题 3。
	3. 选用国标图集《消防增压稳压泵设备选用与安装》98S205 时应注意点：
	由于该国标图集是依据原《高规》的要求编制的，因此选用它时，应对稳压泵的性能参数及水泵选型予以修改注明。
	1）稳压泵流量 $Q=1L/s$ 不变；
	2）稳压泵的扬程按稳压泵停泵压力 P_2 选择（稳压泵开、停泵压 P_1、P_2 计算见本书 6.1 节问题 3），按《消水规》计算的 P_2 值要比国标图中的增压稳压水泵停泵压力 PS_2 小很多，即水泵的 H 小很多。
	例如图 6-1 中，$H_1=5m$，$H_2=2m$ 时，
	$$P_1=15-H_1=15-5=10m$$
	$$P_2=\frac{P_1}{0.8}=12.5m$$
	则水泵的计算扬程 $H=P_2=12.5m$
	按此可选 25LG3X2 型立式水泵。
	而按国标图 98S205 选泵时，$PS_2=0.42MPa$（42m），则要选 25LG3X5 型立式水泵。
	3）设备表中按上要求注明稳压泵 Q、H 及 P_1、P_2 值。气压罐仍可按国标图 98S205 配置。
	4. 稳压泵下置式，稳压泵的启动压力 P_1、P_2 计算及稳压泵设计：
	稳压泵一般均为上置与高位水箱连接，这样水泵 H 低、功率低能耗低，气压罐承压低，省一次投资。有的工程因高位水箱间太小或水箱间下层为居住用房，而采用下置式设置。
	1）下置式稳压泵的布置及 P_1、P_2 等的设计计算参见国标《消防给水及消火栓系统技术规范》15S909 图示。
	2）设计稳压泵时，上置式稳压泵不能按下置式选设备，否则水泵 H 太高，即消防管网压力太高，管网易漏水；管件、阀件易受损，且可能影响消防泵工作的后果。
	反之下置式稳压泵亦不能按上置式选设备，否则稳压泵无法工作

常见问题	剖析与修正
2）稳压泵间位于住宅卧室之上，未作处理	1. 有关规范对水泵间不能设置在卧室等居住用房的上下及毗邻的规定，参见本书3.3.3节。 2. 稳压泵为整个消防管网补水稳压，需不停地间断运行，运行时将产生振动和噪声，如泵房位于居住用房之上又不采取措施，将会严重影响下层居住者的生活与休息，其处理措施： 1）将稳压泵组移至地下室消防水池水泵间，参照前述国标图15S909中"稳压泵设计压力的确定（二）"布置稳压泵组和计算稳压泵的扬程。 2）当以上方案不可行时，则可参照本书3.3.3节采取相应的系列措施。 3）有抗震要求的建筑，亦应参照本书3.3.3节泵组基础采取限位措施

6.4 管网、阀门

常见问题	剖析与修正
1. 室内消火栓系统环管上闸门的设置； 1）漏设； 2）少设	1.《消水规》规定："8.1.6 室内消火栓环状给水管道检修时应符合下列规定： 1 室内消火栓竖管应保证检修管道时关闭停用的竖管不超过1根，当竖管超过4根时，可关闭不相邻的2根；2 每根竖管与供水横干管相接处应设置阀门"。 此条规定基本上沿袭了原《高规》7.4.4条，但删去了原条文中"室内消防给水管道应采用阀门分成若干独立段"的内容。 2. 按规范要求，室内消火栓系统环管的阀门基本上需要与立管相应一对一布置。环管上设阀门的目的是当环管损坏时，关闭的立管应少于一根或不相邻的两根。环管是由横干管、管接头及阀门组成，这三者中管道、管件损坏的几率最小，而阀门由阀体、阀板、密封填料等组成，当其长期不用时，密封填料易老化，阀杆锈蚀不能动作是环管上最易出问题的地方。因此，不少专家对环管上密集设阀门有异议。 3. 根据以上分析，本书建议：消火栓系统环管上每隔2个立管设一阀门，每根立管上下均应设阀门
2. 室内消火栓系统环管上的放气阀： 1）上环管漏设； 2）未设在最高处； 3）重设	1. 室内消火栓系统立体成环，上环管易积聚气体，如不采取排气措施，由于气体可压缩，当消防泵运行时，会形成管网压力的波动，影响水泵正常工作。因此，上环管顶部应设排气阀及时排走管网中积气，减少消防泵运行故障。 2. 环管上设放气阀的图示，见表6-4。

常见问题	剖析与修正

消防环管上放气阀设置　　　　　　　　　　　　　表 6-4

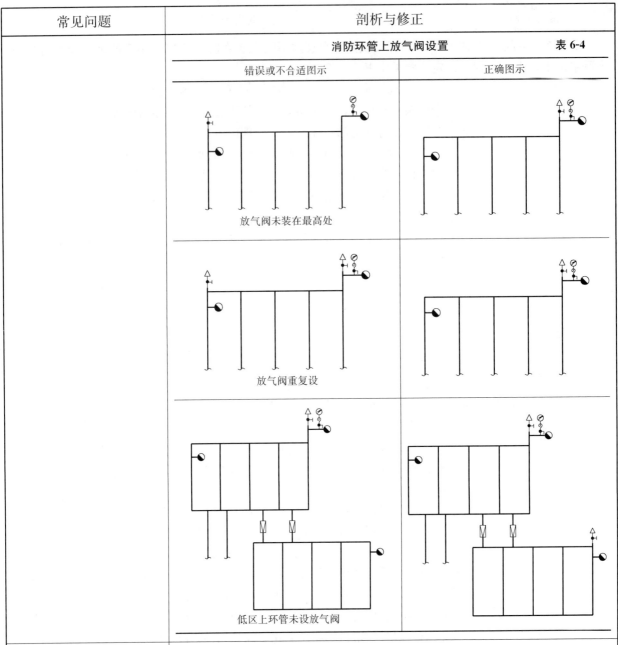

错误或不合适图示	正确图示
放气阀未装在最高处	
放气阀重复设	
低区上环管未设放气阀	

常见问题	剖析与修正
3. 环管管径偏小 　1）消防流量 $q=$ 30L/s，上环管 $DN100$ 或上下环管均 $DN100$ 　2）个别工程消防立管 $DN80$	1.《消水规》对消防管网管径的规定： 　5.1.13 条："8 消防水泵出水管的直径小于 $DN250$ 时，其流速宜为 1.5～2.0m/s；直径大于 $DN250$ 时，宜为 2.0～2.5m/s"； 　8.1.5 条："3 室内消防管道管径应根据系统设计流量、流速和压力要求经计算确定；室内消火栓竖管管径应根据竖管最低流量经计算确定，但不应小于 $DN100$"。 　2. 根据上述规定： 　1）消防立管的最小管径为 $DN100$； 　2）当消防流量为 $q=30$L/s，如环管管径为 $DN100$，则相应流速为 $V=3.46$m/s，远大于《消水规》对≤$DN250$压水管为 1.5～2.0m/s 的规定。太高的流速会造成管网振动和易损坏管道及管件，且阻力的增大与流速增大的平方成正比，例如 $DN100$ 的管当 $q=15$L/s 时，$V=1.73$m/s，

常见问题	剖析与修正
	$i=0.06$；当 $q=30\mathrm{L/s}$ 时，$V=3.46\mathrm{m/s}$，$i=0.24$。假设水力计算管长 $L=300\mathrm{m}$，按 $i=0.24$ 计算，其沿程阻力为 $P=300\times0.24=72\mathrm{m}$。如果 $q=30\mathrm{L/s}$ 选 $DN150$ 管，则 $P=300\times0.037=11.1\mathrm{m}$。依上计算得知：$q=30\mathrm{L/s}$ 时选用 $DN100$ 的管比选用 $DN150$ 的管，阻力损失（含局部损失）增加约8.5倍，按此选泵极不合理
4. 减压阀处缺流量测试口及压力测试排水设置	1.《消水规》对减压阀处设流量测试口及排水设施的规定： 1）8.3.4 "5 减压阀后应设置压力试验排水阀； 6 减压阀应设置流量检测测试接口或流量计"； 2）9.3.1 "3 减压阀处的压力试验排水管道直径应根据减压阀流量确定，但不应小于 $DN100$"。 2. 减压阀处测压力流量阀件的设置可参见国标图 15S909。此处还应在减压阀组处设一 $DN100$ 的排水立管

6.5 消火栓、水泵接合器

常见问题	剖析与修正
1. 室内消火栓 1）缺试验用消火栓； 2）高层建筑的消火栓布置间距 $L>30\mathrm{m}$； 3）商铺等建筑的消火栓位置不明显或易被遮挡； 4）消火栓悬空布置； 5）寒冷地区靠外墙布置； 6）设备层漏设消火栓； 7）非住宅建筑设双阀双出口消火栓； 8）防火墙上设暗装的消火栓	1.《消水规》对室内消火栓布置的部分规定： 1）"7.4.3 设置室内消火栓的建筑，包括设备层在内的各层均应设置消火栓。" 2）"7.4.7 建筑室内消火栓的设置位置应满足火灾扑救要求，并应符合下列规定： 1 室内消火栓应设置在楼梯间及其休息平台和前室、走道等明显易于取用，以及便于火灾扑救的位置； 2 住宅的室内消火栓宜设置在楼梯间及其休息平台； 3 汽车库内消火栓的设置不应影响汽车的通行和车位的设置，并应确保消火栓的开启； 4 同一楼梯间及其附近不同层设置的消火栓，其平面位置宜相同； 5 冷库的室内消火栓应设置在常温穿堂或楼梯间内。" 3）"7.4.9 设有室内消火栓的建筑应设置带有压力表的试验消火栓，其设置位置应符合下列规定： 1 多层和高层建筑应在其屋顶设置，严寒、寒冷等冬季结冰地区可设置在顶层出口处或水箱间内等便于操作和防冻的位置； 2 单层建筑宜设置在水力最不利处，且应靠近出入口。" 4）"7.4.10 室内消火栓宜按直线距离计算其布置间距，并应符合下列规定： 1 消火栓按2支消防水枪的2股充实水柱布置的建筑物，消火栓的布置间距不应大于 30.0m；" 5）"7.4.15 跃层住宅和商业网点的室内消火栓应至少满足一股充实水柱到达室内任何部位，并宜设置在户门附近。" 2. 对室内消火栓布置常见问题的修正处理：

常见问题	剖析与修正
	1）凡设有室内消火栓给水系统的建筑均应按上述7.4.9条之要求设置试验用消火栓。即小区或多栋建筑共用消火栓系统时，每栋建筑均应试验用消火栓。其位置应便于操作，试水时排水易于引至屋面经雨水管排走，并应防冻。 　　2）对于消火栓布置的间距，上述7.4.10条规定比原《高规》、《建规》明确，即以消防水量 $q \geqslant 10L/s$ 者（2支水枪的2股水柱流量）消火栓间距均应 $\leqslant 30m$；即不管高层建筑、低层建筑或裙房均需按此执行。 　　3）《消水规》的上述条款中均明确规定室内消火栓应布置在楼梯间、休息平台、前室、走道、门户附近等明显易于取用灭火的位置，因此有的商住建筑下层的商铺、商业网点等将消火栓布置在屋内深处，容易被货架等遮挡，且不方便取用灭火。 　　4）除大的展厅等中间无墙、柱的空间外，消火栓一般均靠墙、柱安装，这样可使消火栓箱体固定牢固，不易损坏。设计中有可能建筑、结构墙、柱布置修改，但消火栓未跟着移动，造成消火栓悬空布置，应及时修改。 　　5）寒冷地区的消火栓不应靠外墙布置，以防止与消火栓连接管段内水冰冻，损坏管道。 　　6）高层及超高层建筑的设备层（管道设备层）不能漏设消火栓。 　　对于设备层内是否应设消火栓：原《高规》的7.4.6条和原《建规》的8.4.3条均规定无可燃物的设备层可不设室内消火栓，但《消水规》的上述7.4.3作为强条规定：<u>"包括设备层在内的各层均应设置消火栓。"</u> 　　设计应按《消水规》的此条执行。 　　7）双阀双出口型消火栓的设置，原《高规》有条款具体规定其使用范围为十八层及十八层以下的单元式、塔式住宅，解决这类建筑满足两股水柱同时到达任何部位的消火栓布置难题。因双阀双出口消火栓消防灭火时可能干扰消防人员的操作，是在消火栓布置很困难的条件下采取的措施，因此，其他类建筑不应采用。 　　《消水规》里无双阀双出口消火栓的相关条款但有消火栓布置间距 $L \leqslant 30m$ 的规定，设计满足了此要求，则无设置双阀双出口消火栓的问题。 　　8）《建筑设计防火规范》对防火墙上开设孔、洞的规定：<u>"6.1.5 防火墙上不应开设门、窗、洞口，确需开设时，应设置不可开启或火灾时能自动关闭的甲级防火门、窗。"</u> 　　消火栓箱最小尺寸为 $800 \times 650 \times 240$；带灭火器的双栓消火栓组合箱为 $2000 \times 750 \times 240$；如将其暗装在防火墙上，不能满足上述6.1.5条之要求，因此布置消火栓时应避开防火墙，否则只能明装在防火墙上
2. 室外消火栓 　　1）非冰冻寒冷地区采用地下或室外消火栓；	1.《消水规》对室外消火栓布置的部分规定： 　　1）<u>"7.2.1 市政消火栓宜采用地上式室外消火栓；在严寒、寒冷等冬季结冰地区宜采用干式地上式室外消火栓，严寒地区宜增设消防水鹤。当采用地下式室外消火栓，地下消火栓井的直径不宜小于1.5m，且当地下式室外消火栓的取水口在冰冻线以上时，应采取保温措施。"</u>

常见问题	剖析与修正
2）设有倒流防止器的引入管上未设室外消火栓； 3）室外消火栓未配合结合器布置	2）"7.3.3 室外消火栓宜沿建筑周围均匀布置，且不宜集中布置在建筑一侧；建筑消防扑救面一侧的室外消火栓数量不宜少于 2 个。" 3）"7.3.4 人防工程、地下工程等建筑应在出入口附近设置室外消火栓，且距出人口的距离不宜小于 5m ，并不宜大于 40m 。" 4）"7.3.5 停车场的室外消火栓宜沿停车场周边设置，且与最近一排汽车的距离不宜小于 7m ，距加油站或油库不宜小于 15m 。" 5）"7.3.10 室外消防给水引入管当设有倒流防止器，且火灾时因其水头损失导致室外消火栓不能满足本规范第 7.2.8 条的要求时，应在该倒流防止器前设置一个室外消火栓。" 6）"5.4.7 水泵接合器应设在室外便于消防车使用的地点，且距室外消火栓或消防水池的距离不宜小于 15m ，并不宜大于 40m 。" 2. 对室外消火栓布置常见问题的修正处理： 1）非冰冻寒冷地区应选地上式室外消火栓，其理由是：地上式消火栓明显，有利于消防人员快速利用。 2）引入管倒流防止器设一个室外消火栓是《消水规》的新规定，其目的是消防用水时，室外管网用水量大增，此时倒流防止器的阻力损失亦剧增，如市政给水管网供水压力较低（约 0.2MPa 左右），极有可能室外环管的给水压力低于室外消火栓要求供水压力≥0.10MPa 的要求，因此，在倒流防止器前增设一个室外消火栓，能增加消防供水的可靠性。 3）室外消火栓的用途之一是供消防车的水泵取水通过水泵接合器补水协助室内消防系统灭火。因此，室外给水排水总图设计时，室外消火栓应结合单体建筑的水泵接合器布置，即室外消火栓距水泵接合器的距离宜 15～40m ；以方便消防车快速连接管道
3. 水泵接合器 1）高低区共用水泵接合器； 2）低于 100m 的高层建筑高区未设水泵集合器； 3）超高层建筑，消防车水泵不能满足供水压力的高区，未预留手抬泵及相应连接管口； 4）消防流量为 $q=$ 40L/s 只设两个水泵接合器； 5）小区或多栋建筑共用消防系统，只按消防流量设置；	1.《消水规》对消防水泵接合器布置的部分规定： 1）"5.4.3 消防水泵接合器的给水流量宜按每个 10L/s～15L/s 计算。每种水灭火系统的消防水泵接合器设置的数量应按系统设计流量经计算确定，但当计算数量超过 3 个时，可根据供水可靠性适当减少。" 2）"5.4.4 临时高压消防给水系统向多栋建筑供水时，消防水泵接合器应在每座建筑附近就近设置。" 3）"5.4.6 消防给水为竖向分区供水时，在消防车供水压力范围内的分区，应分别设置水泵接合器；当建筑高度超过消防车供水高度时，消防给水应在设备层等方便操作的地点设置手抬泵或移动泵接力供水的吸水和加压接口。" 4）"5.4.8 墙壁消防水泵接合器的安装高度距地面宜为 0.70m ；与墙面上的门、窗、孔、洞的净距离不应小于 2.0m ，且不应安装在玻璃幕墙下方；" 2.《消水规》5.4.6 条与原《高规》7.4.5.2 条之差异。 原《高规》7.4.5.2 条规定在消防车供水压力范围内的分区，应分别设置水泵接合器，对超过消防供水压力范围的分区，是否采取措施未作规定；另外，在条文说明中，还注明"只有采用串联给水方式时，上区用水从下区水箱抽水供给，可仅在下区设水泵接合器，供全楼使用"，很明显条文与条文说明是矛盾的。

常见问题	剖析与修正
6）水泵接合器离室外消火栓距离>40m； 7）墙壁式水泵接合器位于玻璃幕墙之下	《消水规》的5.4.6条则明确消防车供水压力范围内、外的分区均应设水泵接合器或采取连接措施。 3. 水泵接合器设置图（图6-9）

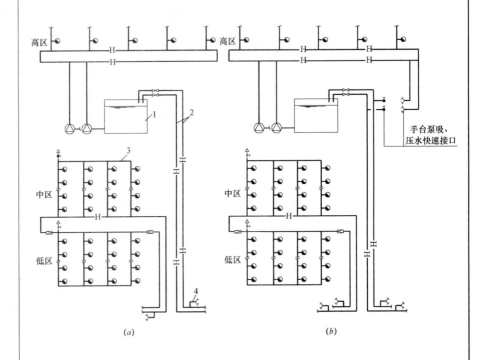

图 6-9　水泵接合器布置示意图

（a）错误图示；（b）正确图示

1—消防转输水箱；2—水泵接合器供水管；3—消防管网；4—水泵接合器

错误图示图6-9（a）错误点：

1）中低区共用了水泵接合器；

2）高区未预留供水泵接合器供水用的吸水和压水接口。

4. 共用消火栓给水系统水泵接合器设置

1）小区或多栋建筑共用消火栓给水系统时，水泵接合器应执行上述《消水规》的5.4.4条规定，参照国标图集15S909中"多栋建筑水泵接合器设置"布置。即相邻建筑可共用水泵接合器，但其总数量应满足消防流量除以10~15L/s之要求。单栋建筑独立系统的水泵接合器的数量亦应满足此要求。

2）为满足《消水规》对水泵接合器的设置要求，项目初步设计阶段，应结合室外消防环管布置好室外消火栓及水泵接合器位置，保证两者之间的距离为15~40m左右，单体建筑的室内消火栓系统可依此布置水泵接合器。

5. 水泵接合器有地上式、墙壁式和地下式三种形式，非寒冷地区宜采用地上式或墙壁式水泵接合器，位置明显且易于消防人员操作。当采用墙壁式时，应避开在玻璃幕墙之下布置，以防火灾时玻璃幕墙破碎，砸伤消防人员

7 自动喷水灭火系统

7.1 系统及控制

常见问题	剖析与修正
1. 代替防火墙的水幕系统，采用闭式喷头	《建筑设计防火规范》GB 50016—2014 中 "8.3.6 条规定：下列部位宜设置水幕系统： 2 应设置防火墙等防火分隔物而无法设置的局部开口部位"。 　　水幕系统是防止火灾蔓延到另外一个防火分区，无论是防护冷却水幕还是防火分隔水幕，都是起到防止火灾蔓延的作用。水幕系统不具备直接灭火的能力，而是利用密集喷洒所形成的水幕或水帘或配合防火卷帘等分隔物，阻断烟气和火势的蔓延，属于暴露防护系统。《自动喷水灭火系统设计规范》GB 50084—2011（2005 年版）（以下简称《喷规》）中 6.1.5 条有明确规定："防火分隔水幕应采用开式洒水喷头或水幕喷头。"
2. 室温 T_{min}<4℃地下车库采用湿式系统	《喷规》4.2.2 条规定："环境温度低于 4℃，或高于 70℃的场所应采用干式系统"；"4.2.3 条 具有下列要求之一的场所应采用预作用系统：1. 系统处于准工作状态时，严禁管道漏水；2. 严禁系统误喷；3. 替代干式系统。" 　　地下车库一般不采暖，当采用湿式系统时，室温低于 4℃的寒冷地区，管道内的水易结冰，导致管道堵塞。水结冰后膨胀还会造成管道破裂。因此在环境温度较低时，应采用干式系统或预作用系统。 　　干式自动喷水灭火系统存在的缺点是灭火效率较低。因干式报警阀后管道内充满气体，喷头爆破后先要排走管道内气体，然后才能喷水灭火，这样就造成喷水时间延迟，从而灭火延迟。所以干式灭火系统的灭火效率一般要低于湿式自动灭火系统。预作用系统灭火特点是借助自动报警系统的预先动作，在喷头打开前配水管道充水转换为湿式自动喷水灭火系统，从而不存在喷水延迟的问题。它的灭火效率基本等同湿式自动喷水灭火系统。因此，不采暖的地下车库应优先考虑采用预作用灭火系统
3. 喷水强度 q 值选用偏低 　1）地下车库 q＝30L/s	地下车库火灾等级为中危险 Ⅱ 级，喷水强度 8L/(min·m²)，作用面积 160m²。则系统设计流量＝(160×8/60)×1.3＝27.7L/s。一个喷头的保护面积约为 11.5m²，作用面积内设置的喷头数量约为 14 个。在实际工程中，车库的柱距一般为 8.1×8.1（m）或 8.4×8.4（m），结构主梁之间还会有次梁，为满足《喷规》中有关喷头与梁、通风管道等障碍物距离要求的规定，设计中在一个标准柱距内通常会布置 9 个喷头，由此在作用面积 160m² 内通常需布置约 24 个喷头。经水力计算，在作用面积内的系统设计流量约为 37～40L/s。因此，地下车库应通过水力计算来确定系统流量

常见问题	剖析与修正
2）装网格、栅板型吊顶场所 q 未×1.3	"喷规"中 5.0.3 条明确规定："装设网格、栅板类通透性吊顶的场所，系统的喷水强度应按规范规定值的 1.3 倍确定。"但在实际设计中，喷水强度未按规范值×1.3 倍系数。 目前设计中，商场、餐厅等公共建筑，由于建筑内装修的需要，常常采用网格状、格栅装等不挡烟的通透性吊顶。若将喷头设在吊顶的网格或条栅中间，喷头将因吊顶不挡烟，且距顶板距离过大而不能保证喷头及时动作，所以喷头应设在楼板下，但楼板下设置的喷头，其洒水分布会受到通透性吊顶的阻挡，影响灭火效果。因此规范提出了适当增大喷水强度的规定，以提高灭火效果
3）干式系统，作用面积未乘以 1.3	"喷规"中 5.0.4 条 2 款明确规定："干式系统的作用面积应按规范规定值的 1.3 倍确定。" 干式自动灭火系统的效率低于湿式自动灭火系统。干式灭火系统的配水管道内平时充满空气，因此系统启动后将滞后喷水。而滞后喷水将增大灭火难度，等于相对削弱了系统的灭火能力。喷头开启的数量也会加大，相同灭火效率下，干式自动灭火系统比湿式自动喷水灭火系统开启的喷头数要多，因此干式自动灭火系统应增大系统设计作用面积，但作用面积加大，将会使系统的流量增大，总用水量增大，并带来较大的水渍损失，影响系统的经济能力。为保证干式自动灭火系统的可靠性，在作用面积不变的情况下可增大喷水强度，一般为湿式自动喷水灭火系统的 1.3 倍。补偿滞后喷水对灭火能力的影响
4. 钢屋架未设独立的报警系统	"喷规"中"6.2.1 自动喷水系统应设报警阀组。保护室内钢屋架等建筑构件的闭式系统，应设独立的报警阀组。" 为钢屋架等建筑设置的闭式系统，其功能与用于补救地面火灾的闭式系统不同，为了便于分别管理，规范规定单独设置报警阀组
5. 高位水箱最低水位与水池最低水位的高差大于水泵扬程，未设减压阀	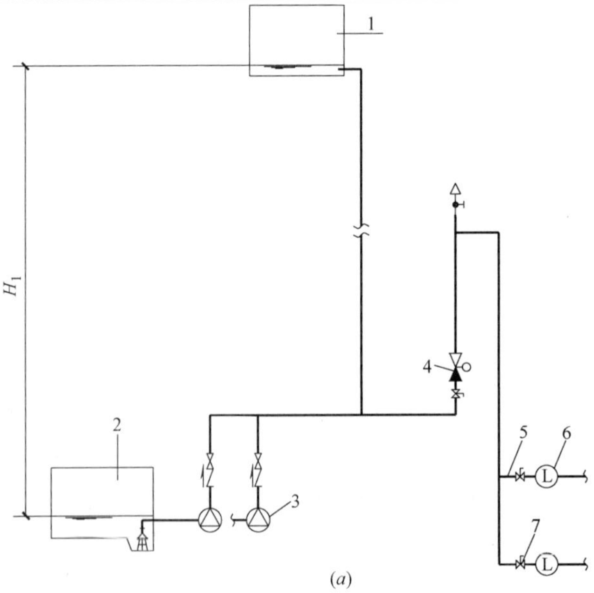 图 7-1 高位水箱供水管示意图 （a）错误图示 1—高位消防水箱；2—低位消防水池；3—自动喷水加压泵；4—湿式报警阀； 5—配水干管；6—水流指示器；7—信号阀；8—减压阀

常见问题	剖析与修正
	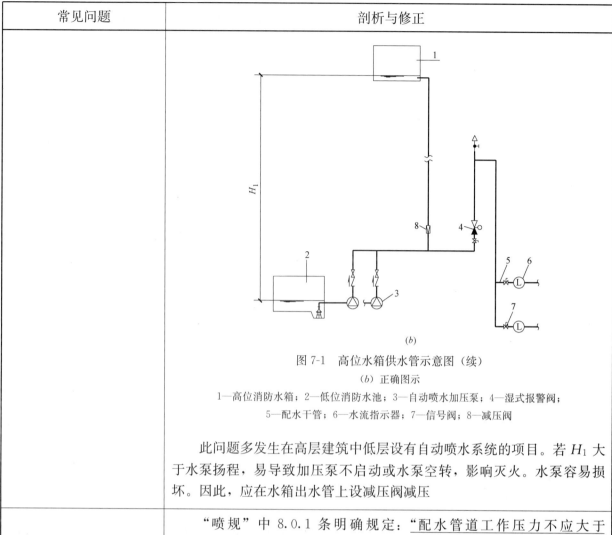 图 7-1　高位水箱供水管示意图（续） （b）正确图示 1—高位消防水箱；2—低位消防水池；3—自动喷水加压泵；4—湿式报警阀； 5—配水干管；6—水流指示器；7—信号阀；8—减压阀 　　此问题多发生在高层建筑中低层设有自动喷水系统的项目。若 H_1 大于水泵扬程，易导致加压泵不启动或水泵空转，影响灭火。水泵容易损坏。因此，应在水箱出水管上设减压阀减压
6. 配水管网 $P >$ 1.2mPa 未分区 　　1）水泵 $H=125$m，报警阀与水泵同层，未减压； 　　2）报警阀处，$PN < 1.2$MPa，但报警阀往下几层的配水管处 $PN > 1.2$MPa	"喷规"中 8.0.1 条明确规定："配水管道工作压力不应大于1.2MPa，并不应设置其他用水设施。当系统压力大于1.2MPa时，应采用分区供水。" 　　本条规定主要是从产品的承压能力、阀门开启、管道承压、施工及系统的安全可靠性几个方面的考虑。当配水管网压力>1.2MPa时整个管网承受压力太高，易引起管网寿命缩短，漏水爆管事故率增大。因此规范提出了系统工作压力大于1.2MPa时应分区供水。 　　水泵 $H=125$m，报警阀与水泵同层。报警阀及其以下压力>1.2MPa，不满足规范要求，应设减压阀减压。 　　报警阀处，$PN < 1.2$MPa，但报警阀往下几层的配水管处 $PN > 1.2$MPa。应采用减压装置
7. 同一立管连接配水管的高差 67m	《喷规》中 6.2.4 条规定："每个报警阀组供水的最高与最低位置喷头，其高程差不宜大于50m。" 　　规定此条的目的，是为了控制高处与低处的喷头之间的工作压力。限制同一报警阀组供水的高、低位置喷头之间的高差，是均衡流量的措施。因此，当高程差大于50m时，应增设报警阀组，将高程差控制在50m以内（图 7-2）。

常见问题	剖析与修正

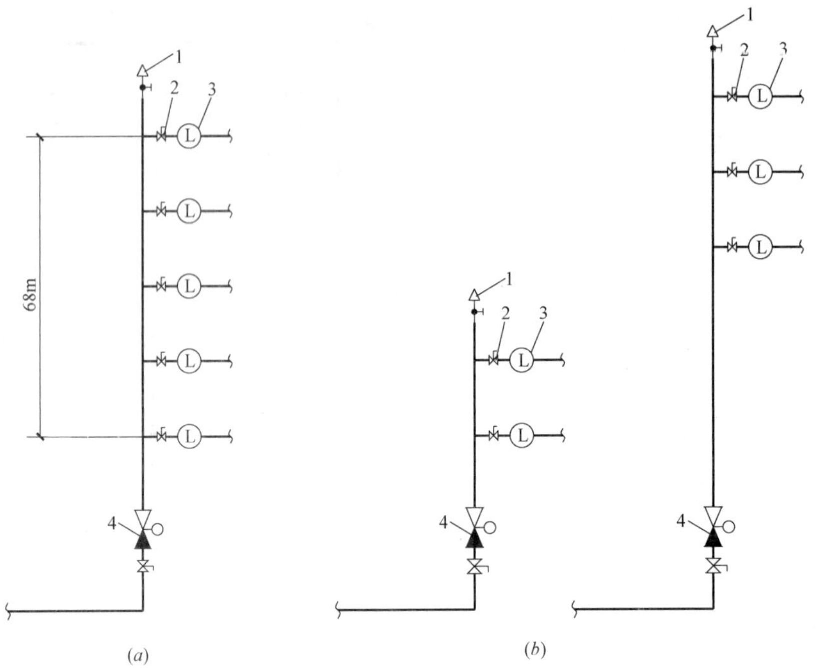

图 7-2　同一立管配水管的连接示意图

（a）错误图示；（b）正确图示

1—放气阀；2—信号阀；3—水流指示器；4—湿式报警阀

常见问题	剖析与修正
8. 加压泵 H 偏低偏高 1）水泵 $Q=30L/s$，$H=120m$，最高喷头与水池最低水位几何高差 $h=91m$； 2）消防水池、水泵设在 B1 专供 B1~B3 自动喷洒系统，水泵 $H=0.7MPa$	加压泵的扬程应经过计算确定。《喷规》中"9.2.4条公式： $$H=\sum h+P_0+Z$$ 式中　$\sum h$——管道沿程和局部损失之和（MPa），湿式报警阀取值 0.04MPa 或按检测数据确定，水流指示器取值 0.02MPa，雨淋阀取值 0.07MPa； 　　　P_0——最不利点处喷头的工作压力（MPa），$P_0=0.05~0.1MPa$； 　　　Z——最不利点处喷头与消防水池的最低水位或系统入口管中心线之间的高程差。" 1. 按上计算，常用系统 H 计算值为： $$\begin{aligned}H&=\sum h+P_0+Z\\&=(0.25~0.3)+(0.05~0.1)+Z\\&=(0.3~0.4)+Z\end{aligned}$$ 选泵扬程 $H'=1.05H\approx(0.3~0.4)+Z$ 注：$\sum h=0.25~0.3m$ 为一般干管不长系统的估算值。 因此，问题1）的 $\sum h+P_0=0.29MPa$，问题2）的 $\sum h+P_0=0.7MPa$。明显扬程偏低或偏高。 2. 初步设计时，对于报警阀前至水泵干管长≤100m，且管径按 $V<2.0m/s$ 选择的系统，水泵扬程 H 可按：$H=0.4+Z$ 初选，施工图时 H 应经水力计算确定

常见问题	剖析与修正
9. 消火栓系统与自喷系统压力相差较大者合用稳压泵	增压稳压装置的主要功能为以下两点：1）使消防给水管道系统最不利点始终保持消防所需压力；2）气压罐的调节容积应根据稳压泵启停次数不大于 15 次/h 计算确定，但有效贮水容积不宜小于 150L。利用气压罐所设定的 P_1、P_2、P_{S1}、P_{S2} 运行压力，控制水泵运行工况，达到增压和稳压的功能。若消火栓系统与自喷系统压力相差较大时，P_1（最不利点消防所需压力）、P_2（消防泵启泵压力）、P_{S1}（稳压泵启泵压力）、P_{S2}（稳压泵停泵压力）均不同，系统难以控制，应分别设置
10. 预作用系统 1）报警阀后配水管长 $L>200m$，充水时间 $>2min$	《喷规》中 8.0.9 条规定，"预作用系统与雨淋系统的配水管道充水时间，不宜大于 2min。"此条主要参考美国 NFPA-13（2002 年版）标准的相关规定，其目的，是为了达到系统启动后立即喷水的要求。 工程实践中一般一个报警阀控制的配水管道的容积宜在 1500L 以内，大于 1500L 应设加速器，且最大容积不宜超过 3000L（表 7-1、表 7-2）。

预作用系统报警阀后管道系统最大允许容积   表 7-1

危险等级	喷水强度 L/(m² · min)	系统作用面积(m²)	设计流量 (L/s)	最大允许系统管道容积(L)
轻危险	4	160	10.7	1280
中危Ⅰ	6	160	16	1920
中危Ⅱ	8	160	21.3	2560
严重Ⅰ	12	260	52	6240
严重Ⅱ	16	260	69.3	8320
仓库Ⅰ	12	200	40	4800
仓库Ⅱ	16	300	80	9600
仓库Ⅲ	20	260	86.7	10400

注：表中设计流量是系统作用面积与喷水强度的乘积。

常用管径管道容积(L/m)   表 7-2

DN25	DN32	DN40	DN50	DN65	DN80	DN100	DN125	DN150
0.49	0.80	1.26	1.96	3.32	5.02	7.85	12.27	17.66

以中危险Ⅱ级地下车库为例计算：

管径 DN150 计；不超过 2min 充水的管长为：$L=2560/17.66=145m$。

因此，报警阀后的配水长度宜控制在 200m 以内。系统最大允许容积还应考虑支管的允许容积。实际工程中应分管段计算

2）图中未表示空压机	干式或预作用系统应设置空压机。其目的是利用空压机的供气能力在 30min 内使系统报警阀后管道内的气压达到设计要求。因此，干式或预作用自动喷水系统应在报警阀处设置空压机
3）一个报警阀一台空压机	预作用系统配水管道充入有压气体的目的，是将有压气体作为监测管道严密性的介质，以便发现管道泄露和喷头是否损坏。空压机的作用主要是平时为管网充气补气，灭火时不用。因此多个报警阀组可共用一台空压机，并满足《喷规》给出的气压值即可

常见问题	剖析与修正
4）配水管末端未加快速放气阀、电动阀	《喷规》中"4.2.9条4款中规定：干式系统和预作用系统的配水管道应设快速排气阀。有压充气管道的快速排气阀入口前应设电动阀"。其作用主要是为了使配水管道尽快排气充水。报警阀开启后能迅速向管网供水。排气阀前应设电动阀，平时关闭，系统充水时打开
5）立管顶加放气阀	干式或预作用自动喷水灭火系统的配水立管顶部如设放气阀，系统内的气压将无法保持。因此在立管顶部不应再设放气阀（图7-3）。 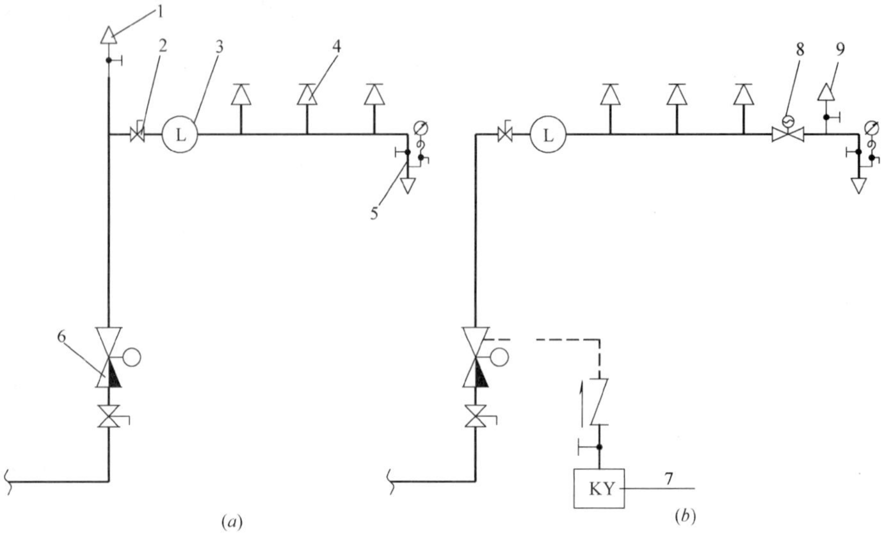 图7-3 预作用系统立管顶部设放气阀的示意图 (a) 错误图示；(b) 正确图示 1—放气阀；2—信号阀；3—水流指示器；4—直立型喷头； 5—末端试水装置；6—预作用报警阀；7—空压机；8—电动阀；9—快速放气阀
6）快速放气阀、电动阀与配水管同 DN	1. 快速放气阀只有≤DN25 的产品。 2. 一个 DN25 放气阀在 0.4MPa 压力下排气量为 $1.4m^3/m$，即 2min 可排气近 $3.0m^3$，一般系统均有多个排气阀，完全满足预作用系统≤2min 系统充水排气的要求
11. 一类地下车库设计一般自动喷水灭火系统	《喷规》中7.2.3条规定："下列汽车库、修车库宜采用泡沫—水喷淋系统，泡沫—水喷淋系统的设计应符合现行国家标准《泡沫灭火系统设计规范》GB 50151 的有关规定： 1 Ⅰ类地下、半地下汽车库； 2 Ⅰ类修车库； 3 停车数大于 100 辆的室内无车道且无人员停留的机械式汽车库。" 泡沫—水喷淋装置属于自动喷水和泡沫联用灭火系统的一种类型。在原有的湿式自动喷水灭火系统的基础上增加了泡沫液供给装置。它的灭火机理是，泡沫与火焰相遇时能产生封闭效应、冷却效应、蒸汽效应等几种灭火效应来强化灭火效果。可以前期喷水控火，后期喷泡沫强化灭火效果，或前期喷泡沫灭火，后期喷水冷却防止复燃。汽车库集 A、B 类火灾于一体，既有固体可燃物（轮胎橡胶制品、座椅等）又有可燃液体（汽油），且少有人员停留。一旦发生火灾，蔓延速度快，汽车贮油箱易受热膨胀爆炸，易造成大面积火灾。因此，泡沫—水喷淋系统对于扑救汽车库、修车库火灾具有比自动喷水灭火系统更好的效果

常见问题	剖析与修正
12. 舞台水幕只设了一种温感探测系统	舞台建筑的空间层次较复杂，功能区多。舞台内幕布、景片、道具均为易燃材料，同时灯具多、线路复杂、演出中常常还有效果烟火，因此舞台是剧场火灾主要起源之一。水幕系统主要用于防止火灾通过建筑开口部位蔓延，其目的是首先将舞台和观众厅分隔开，发生火灾时观众可以尽快疏散。舞台幕布等均属易燃物在着火初期多为阴燃，会产生大量烟雾，经过一定时间的燃烧温度才会逐步升高。烟感探测器则是通过监测烟雾的浓度来实现火灾防范。烟感探测器通常早于温感探测器报警，这样可以将火灾较早地扼杀在萌芽中。因此《自动喷水与水喷雾灭火设施安装》04S206 水幕系统示意图中：系统应同时设烟感探测器和温感探测器，火灾初起时水幕在同时收到这两种探测器发出的信号时启动灭火，这样可以大大提高报警系统的准确性，防止误报产生的水渍次生灾害
13. 消防泵 $N=200\text{kW}/$台，一用一备	超高层建筑的自喷系统，消防泵的流量大，扬程高。有的单台泵的电量达到 200kW/台。单台泵容量过大，超过为其供电的变压器总容量的 15%，在启动过程则极有可能导致母线电压百分比降至 85% 以下，会影响其他负荷正常运行。对于水泵自身，水流会在很短时间达到全速，在遇到管路转弯时，高速的水流冲击，易产生很大的冲击力，形成水锤效应。因此，鉴于上述原因，应尽量避免选用单台泵电量过大的水泵，宜采用多用一备并联运行的泵组，或采用分区系统
14. 防护水幕持续喷水时间按 1h	防火卷帘主要用于防火隔墙上因生产、使用等需要开设较大开口而又无法设置防火门时的防火分隔。在实际使用中，防火卷帘存在防烟效果差、可靠性低等问题，导致火灾蔓延。若防火卷帘的耐火极限达不到现行国家标准时，应设置防护水幕系统保护，以保证防火卷帘等分隔物的完整性与隔热性。防火卷帘的耐火时间，由于设置的部位不同，所处的防火分隔部位的耐火极限要求也不同。所以防护水幕系统的火灾延续时间也应根据所属的分隔位置来确定。 防护水幕系统用于防火隔墙或防火墙时火灾持续喷水时间按 2h 考虑。 水幕系统用于防护冷却的防火卷帘或防火幕时火灾持续喷水时间按 3h 考虑

7.2 喷头及布置

常见问题	剖析与修正
1. 选用温度不当，如厨房用 68℃ 或 93℃ 喷头	在工程设计中存在厨房喷头温级选用不一，有些温级均为 68℃ 或均为 93℃。《喷规》中"6.1.2 条闭式系统的喷头，其公称动作温度宜高于环境最高温度 30℃。"在实际的厨房项目中，高温区为烹调设备上方，厨房其他部位，如粗加工间、冷荤间、主食间、副食间等不属高温区。因此在设计中应按区域来选用喷头的温级，而不能全部采用一种温级的喷头。在烹调设备的上方宜采用温级为 93℃ 喷头，其他部位可采用 68℃ 喷头
2. 干式系统喷头选用普通下垂型喷头	《喷规》中"6.1.4 条干式系统、预作用系统应采用直立型喷头或干式下垂型喷头。"干式和预作用系统的管道平时不允许充水，主要是防止冬

常见问题	剖析与修正
	季冻裂管道，若采用下垂型喷头，则从配水支管接至喷头短管管段的水无法排空，会造成管内气水界面电化学腐蚀和冬季结冰，导致系统的安全可靠性降低。为了便于系统在灭火或维修后恢复戒备状态之前排尽管道中的积水，同时有利于在系统启动时排气，要求干式、预作用系统的喷头采用直立式或干式下垂型喷头
3. 漏布喷头 1）H>100m的高层建筑的水泵房、机房等处未设喷头； 2）二类高层自动扶梯底未设喷头； 3）二类高层商场部分未设喷头；	《建筑设计防火规范》GB 50016—2014中"8.3.3条 除本规范另有规定和不宜用水保护或灭火的场所外，下列高层民用建筑或场所应设置自动灭火系统，并宜采用自动喷水灭火系统： 1 一类高层公共建筑（除游泳池、溜冰场外）及其地下、半地下室； 2 二类高层公共建筑及其地下、半地下室的公共活动用房、走道、办公室和旅馆的客房、可燃物品库房、自动扶梯底部； 3 高层民用建筑内的歌舞娱乐放映游艺场所； 4 建筑高度大于100m的住宅建筑。" 以上四条为强制性条文。高层建筑的火灾危险性高、扑救难度大、设置自动灭火系统可提高其自防、自救的能力。这些建筑和场所发生火灾可能导致经济损失严重，社会影响大或人员伤亡大的特点。 在最低一层自动扶梯的下部空间。商家往往会存放许多可燃物，发生火灾的可能性大。因此规范规定在上述场所应设置自动喷水灭火系统。
4）净空高度大于800mm的闷顶和技术夹层其内有可燃物时未设喷头	由于吊顶内电气线路多且复杂，有发生火灾的隐患。电气火灾一般是由短路、过载、设备故障等原因引起，火灾初期多为阴燃，一旦有火焰出现，蔓延速度极快。世界上很多火灾案例就是因为吊顶内电线故障起火，引燃吊顶内的可燃物，发生火灾。吊顶火灾还有一特点就是初期难以发现，待发现时，已经难以控制。因此，当吊顶上方闷顶或技术夹层的净空高度超过800mm，且其内部有可燃物时，要求设置喷头保护。
5）较大客房（6m×4m）只设了一个边墙型喷头；	《喷规》中7.1.12边墙型标准喷头的最大保护跨度与间距，应符合表7.1.12的规定： 边墙型标准喷头的最大保护跨度与间距（m）　　　　表7.1.12 此条是依据边墙型喷头与室内最不利点处火源距离远、喷头受热条件较差、保护面积小等情况，确定的配水支管上喷头间最大距离和侧喷水量跨越空间的最大保护距离。标准边墙型喷头的前喷水量占流量的70%～80%，喷向背墙的水量占20%～30%。按表7.1.12计算，轻危险级喷头最大保护面积约12.5m²，中危险Ⅰ级喷头最大保护面积9.0m²。因此选用边墙型喷头除按规范条款规定内容外，还应根据厂家提供的喷头流量特性、洒水分布和喷湿墙面范围等资料，确定喷头的布置。对于较大客房应增加喷头数量或选用扩展覆盖式喷头。

边墙型标准喷头的最大保护跨度与间距（m）　　　　表7.1.12

设置场所火灾危险等级	轻危险级	中危险级Ⅰ级
配水支管上喷头的最大间距	3.6	3.0
单排喷头的最大保护跨度	3.6	3.0
两排相对喷头的最大保护跨度	7.2	6.0

注：1. 两排相对喷头应交错布置。
　　2. 室内跨度大于两排相对喷头的最大保护跨度时，应在两排相对喷头中间增设一排喷头。

常见问题	剖析与修正
6）与相邻场所连通处的外侧未设喷头； 7）大风管或成排管组下未设喷头	《喷规》中7.1.9条 当局部场所设置自动喷水灭火系统时，与相邻不设自动喷水灭火系统场所连通的走道或连通门窗的外侧，应设喷头。此条是为了防止火灾从相邻不设喷头的通道、门窗、孔洞等开口处蔓延。 当梁、通风管道、成排布置的管道、桥架等障碍物的宽度大于1.2m时，会对喷头洒水有遮挡作用，因此其下方应增设喷头，补偿受阻部位的喷水强度
4. 喷头布置错误 1）配水支管上喷头>8个； 2）喷头布置在配水干管上； 3）喷头布置在水流指示器前； 4）配电间布置喷头； 5）车库（不采暖，为<4℃环境）采用普通玻璃球喷头	1. 配水管两侧每根配水支管控制的标准喷头数：轻中危险级场所不应超过8只；严重危险级及仓库危险级场所均不应超过6只，其目的是为了控制配水支管长度，避免水头损失过大及影响配水的均匀性。 2. 喷头不应布置在配水干管上，否则因干管管径大，压力大，喷头喷水量将远大于设计喷水强度的水量，影响附近喷头的喷水灭火效果。 3. 水流指示器的主要作用是将信号发送到控制中心，显示出发生火灾的楼层、部位。因此喷头应布置在水流指示器后，以便监控。 4. 配电间等电气房间，不得用直接导电的直射水流进行喷射，否则会造成触电事故。 5. 玻璃球喷头是通过洒水口部的玻璃球内液体受热膨胀使玻璃球破裂来启动喷头喷水。玻璃球喷头适用环境温度不宜低于4℃的房间。易熔合金喷头则是通过易熔合金元件受热融化来启动喷头灭火。用易熔合金作为感温元件，适用于环境温度较低的场所。因此在不采暖的车库，应采用易熔合金喷头

7.3 减压孔板

常见问题	剖析与修正
1. 系统最高层配水管加孔板	自动喷水系统最高层配水管设减压孔板，说明水泵扬程未经过仔细计算，水泵扬程偏高造成。为了系统的经济合理，应在保证喷头工作压力的前提下，合理选用消防水泵
2. 漏孔板设计或说明中有，图中无； 3. 图中有，但未注明孔径	《喷规》中"8.0.5 管道的直径应经水力计算确定。配水管道的布置，应使配水管入口压力平衡。轻危险级、中危险级场所中各配水管入口的压力均不宜大于0.4MPa。"设计中应对设有减压孔板的部位加以说明，并在系统图中注明各孔板的孔径
4. 不论层次，管径均同一孔径	不同的层次，各层的压力不同。应根据计算确定减掉超出的压力，不能不论层次，选用同一孔径的孔板。这样会导致有的层超压，有的层压力不够
5. DN150 管上孔板孔径 40mm	设计中在 DN150 管上设置孔径 40mm 的孔板。违反了《喷规》中"9.3.2 条 2 孔口直径不应小于设置管段直径的30%，且不小于20mm。" 减压孔板主要是减动压，不能减静压当水流通过减压孔板时，由于局部的阻力损失，在减压孔板处产生压力降，从而满足管道的出口压力要求。

常见问题	剖析与修正
	规范条款对减压孔板的设置有所限制，若减压孔板在规定的范围内减不掉超出的压力，可在报警阀前设减压阀，但阀后压力应满足此报警阀组所控制的最不利点喷头的出水压力要求
6. 配水管上孔板串接	减压孔板不宜串联连接。主要因为减压孔板存在计算误差及容易堵塞的问题。所以当几何高差较大时，应采用分区供水、分散设置报警阀组等措施解决超压问题

7.4 报警阀、水流指示器

常见问题	剖析与修正
1. 报警阀 1）≥2 个报警阀组，供水管未成环；	1. 自动喷水灭火系统是目前最有效的自救灭火措施，可在无人操纵的条件下自动启动喷水灭火，补救初期火灾的功效优于消火栓系统。为确保该系统的灭火成功率和供水的可靠性，要求供水的可靠性不低于消火栓系统。因此规范提出"<u>当自动喷水灭火系统中设有 2 个及以上报警阀组时，报警阀前宜设环状管网供水管道。</u>"
2）一个报警阀组带的喷头超标；	2. 控制一个报警阀组带的喷头不得过多的目的，一是为了保证维修时，系统关闭部分的面积不致过大，影响范围小。二是为了提高系统的可靠性。因此，《喷规》中"<u>6.2.3 一个报警阀组控制的喷头数应符合下列规定：1 湿式系统、预作用系统不宜超过 800 只；干式系统不宜超过 500 只。</u>"
3）阀组缺警铃布置；	3. 规范要求设置警铃的目的是为了保证水力警铃发出的警报的位置和声强能让值班人员及时发现火灾部位。阀组未布置警铃，违反了《喷规》6.2.8 条中对水力警铃"<u>应设在有人值班的地点附近</u>"等有关条款。 　　4. 对报警阀组处的排水问题，"喷规"与"消水规"都分别有条文规定
4）阀组缺排水设施或排水设施不当（DN50 地漏）；	"喷规""<u>6.2.6 条报警阀组宜设在安全及易于操作的地点，报警阀距地面的高度宜为 1.2m。安装报警阀的部位应设有排水设施。</u>" 　　"消水规"中"<u>9.3.1 消防给水系统试验装置处应设置专用排水设施，排水管径应符合下列规定：</u> 　　<u>1 自动喷水灭火系统等自动水灭火系统末端试水装置处的排水立管管径，应根据末端试水装置的泄流量确定，并不宜小于 DN75；</u> 　　<u>2 报警阀处的排水立管宜为 DN100</u>"。 　　"消水规"该条文为强制性条文，必须严格执行。主要是为了方便施工、测试与维修。系统启动和功能试验时，报警阀组将排放出一定量的水，所以要求在设计时应设置足够能力的排水设施。其排水能力不应小于其中最大一个报警阀的泄水量。若设置排水管径偏小，势必影响排水效果，会带来水渍漫流
5）阀组进出口采用普通阀门；	5. 报警阀组的进出口不得采用普通阀门，应采用信号阀。信号阀能显示阀门的开启和关闭状态，并将信号传至消防控制中心，火灾自动报警

常见问题	剖析与修正
	系统收到信号后显示信号阀的运行情况，起到报警作用。这是为了防止阀门误关闭，提供系统运行的可靠性。对此《喷规》以强条（6.2.7条）对报警阀组的阀门设置有明确规定，在设计中应严格按规范执行
6）水喷雾用雨淋阀组前未设过滤器	6．水喷雾喷头是在一定压力作用下，在设定区域内能将水流分解为直径1mm以下的水滴，从而形成水雾。使喷头的水雾直接撞击被保护面，并完全覆盖被保护面。由于水喷雾喷头的特型，在《自动喷水灭火系统设计规范》及《水喷雾灭火系统技术规范》中均对雨淋阀组的设置有相关规定，要求在雨淋报警阀前的管道设置可冲洗的过滤器，以保障水流的畅通和防止杂物破坏雨淋阀的严密性，防止管道中的杂物堵塞电磁阀及水雾喷头，影响灭火效果。过滤网的孔径不应大于喷头或过水装置的最小过水孔径的0.5倍，一般为4.0～4.7目/cm²。这样不仅可以保证水雾喷头不被堵塞，且过滤网的水头损失也较小。过滤器网应采用耐腐蚀金属材料制作
2．水流指示器设置不当 1）跨层共用； 2）同层不同防火分区共用	水流指示器是用于自动喷水灭火系统中将水流信号转换成电信号的一种报警装置。水流指示器动作，发出信号。向该水流指示器控制的管网供水，经喷头喷水。水流指示器起水流监视作用，可以及时报告发生火灾的部位。因此"喷规"中对水流指示器的设置有明确规定："6.3.1条 除报警阀组控制的喷头只保护不超过防火分区面积的同层场所外，每个防火分区、每个楼层均应设水流指示器"。当一个湿式报警阀组仅控制一个防火分区或一个楼层的喷头时，由于报警阀组的水力警铃和压力开关已能发挥火灾部位的报警作用，故此种情况允许不设水流指示器
3．试水装置 1）漏设； 2）未设在最不利点； 3）试水装置与试水阀混同； 4）试水装置处漏排水设施或排水不当	为了检验系统的可靠性，测试系统能否在开放一只喷头的最不利条件下可靠报警并正常启动，因此规范要求在每个报警阀的供水最不利点处设末端试水装置。测试包括水流指示器、报警阀、压力开关、水力警铃的动作是否正常，配水管是否畅通，以及最不利点处喷头的压力等内容。如漏设将无法进行日常检测。其他的防火分区与楼层，则要求在供水最不利处设置直径为25mm的试水阀，以便对各层管网进行验收、正常维护管理时的试水。 自动喷水灭火系统等自动水灭火系统末端试水装置处的排水立管管径，应根据末端试水装置的泄流量确定，并不宜小于DN75
4．其他 1）水喷雾系统未设泄水排污口	《水喷雾灭火系统技术规范》GB 50219—2014中规定，应在管道的低处设置放水阀或排污口。其目的是防止管道内因积水结冰而造成管道的损伤，在管道的最低点和容易形成积水的部位设置放水阀，使可能结冰的积水排尽。设置管道排污口的目的是为了便于清除管道内的杂物，其位置设在杂物易于聚积且便于排出的部位
2）自喷管不标DN，只列一喷头个数与布置表	自动喷水系统的管径应经计算确定，尤其最不利点处的管径更应计算。因喷头的布置受房间布局、结构梁形式、风口及灯具影响较大，在作用面积内喷头数会有差异。尤其是若采用不同类型的喷头，因压力及流量的不一致，更应具体计算。否则系统压力、水泵选型会有偏差，无法满足实际工程的要求。

常见问题	剖析与修正
	需二次装修的部位也宜按《设计深度》要求在平面图中标注管道管径，并加不同管径的喷头个数表，且应注明，因二次装修需调整喷头布置时应满足表格内喷头个数与管径匹配要求
3) 窗式水幕喷头系统用湿式自动喷水系统	窗式水幕喷头系统是因需要设置可开启窗的墙体为防火墙，为防止火灾通过窗户蔓延，而在开启窗的上部设置自动喷水灭火系统，是防火分隔的替代做法。因此该系统应按照防护分隔水幕来考虑。选用水幕喷头，喷水强度应按照《喷规》5.0.10 条表 5.0.10 选用，火灾延续时间也应根据所属的分隔位置来确定。由于设置部位不同，所处防火分隔部位的耐火极限要求也不同

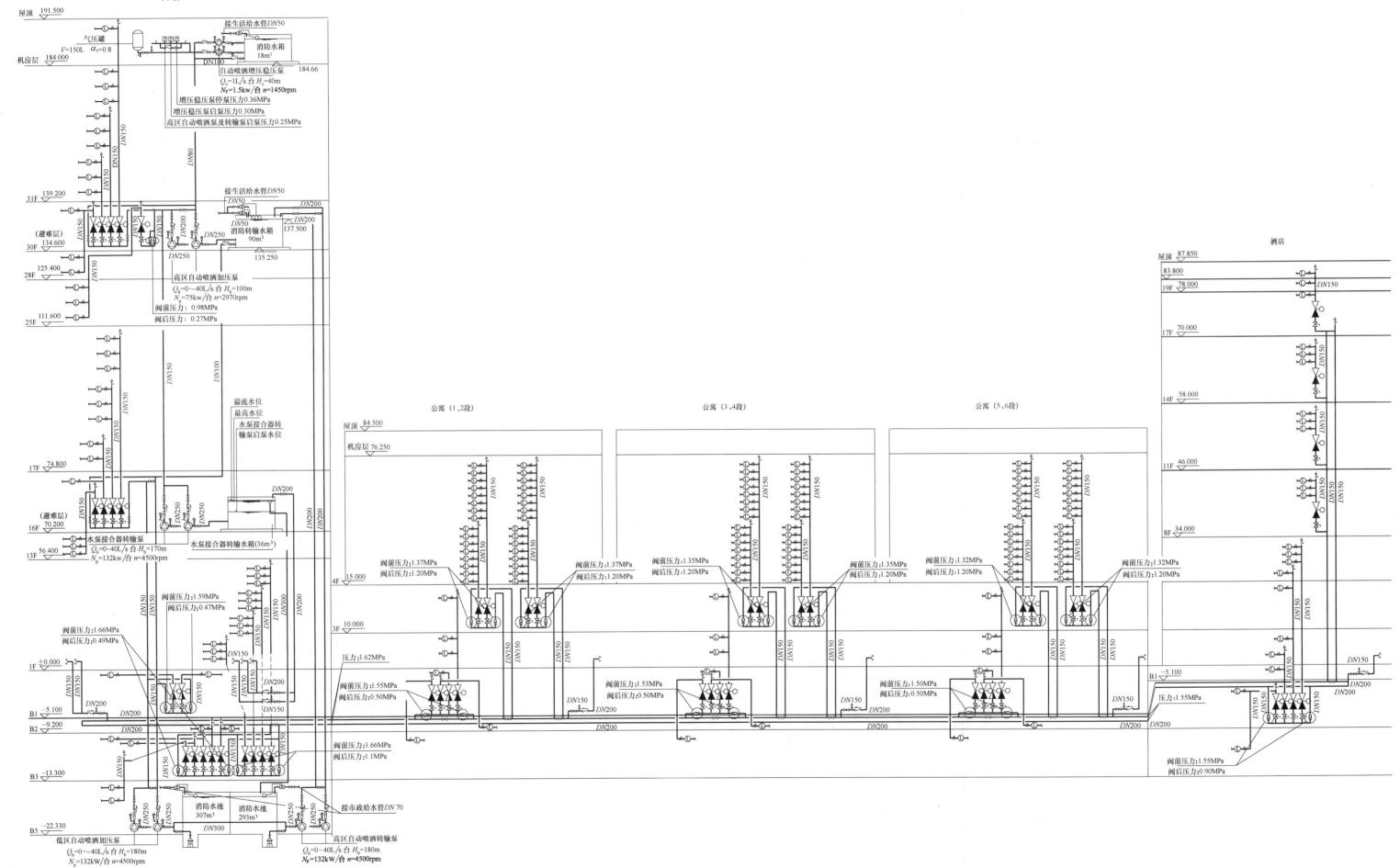

附图3 ×××工程自动喷水总系统示意图

注：本图示按《高层民用建筑设计防火规范》GB 50045—95 设计

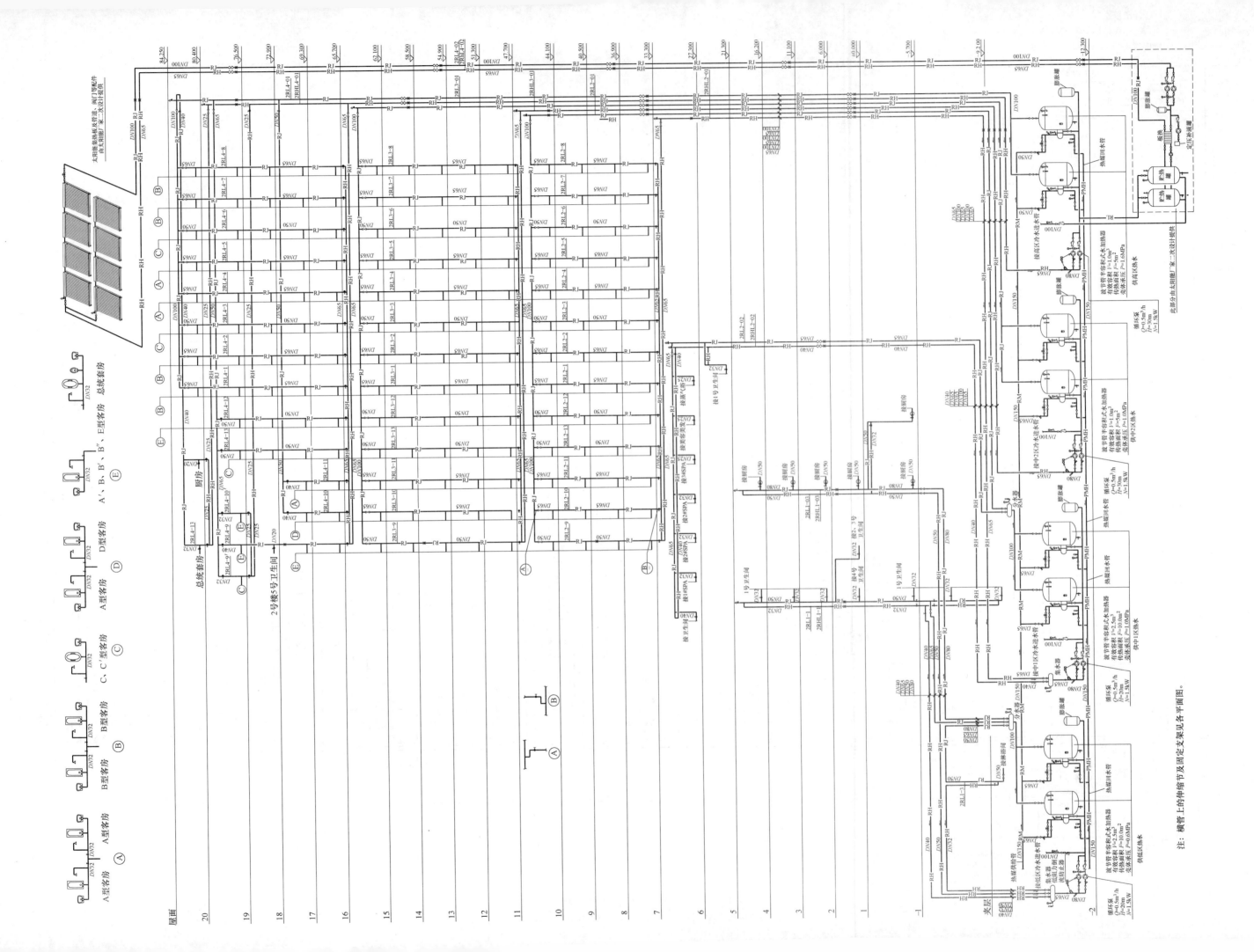

附图 4　×××工程热水展开系统原理图

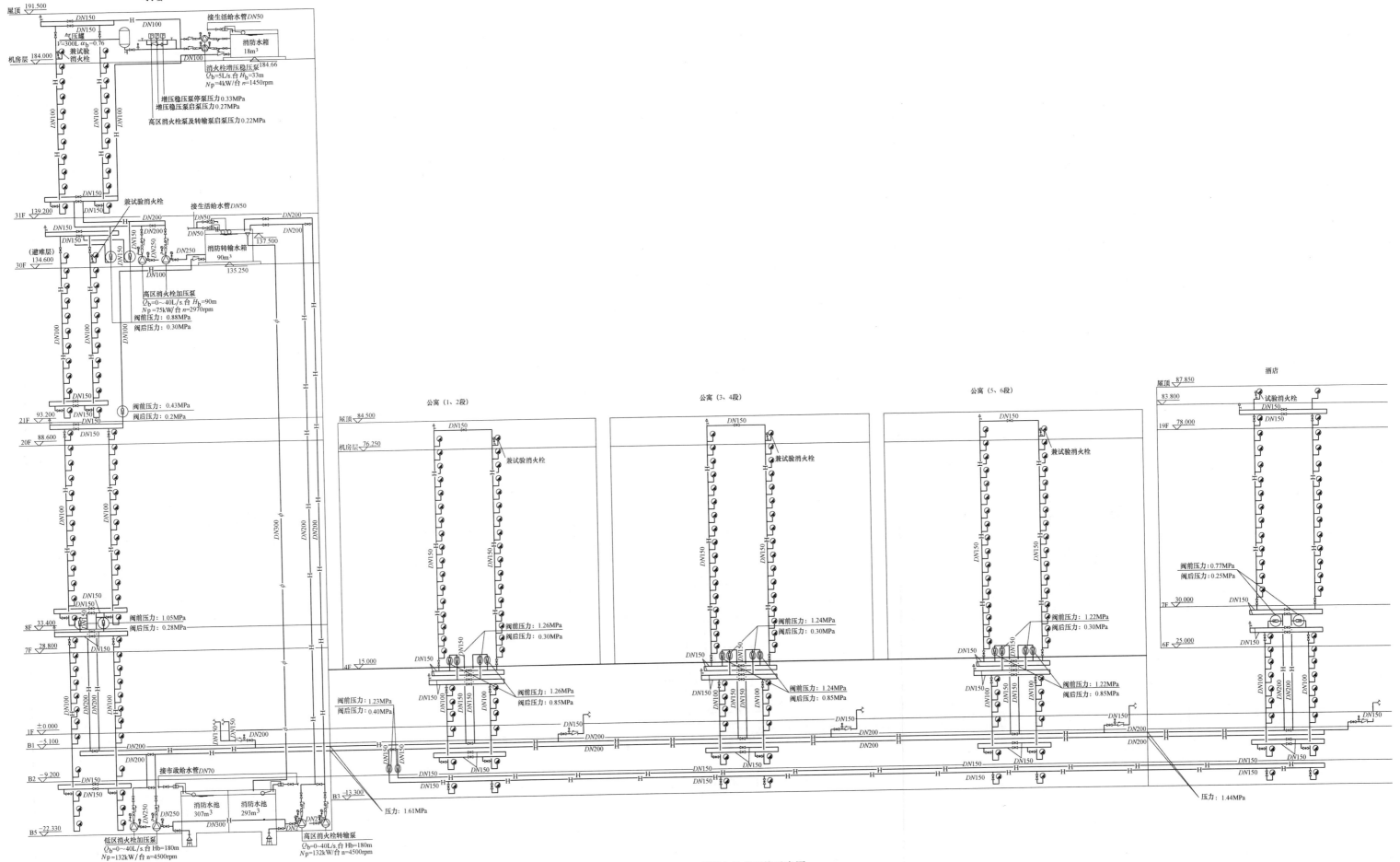

附图 2　×××工程消火栓总系统示意图

注：本图示按《高层民用建筑设计防火规范》GB 50045—95 设计

附　图

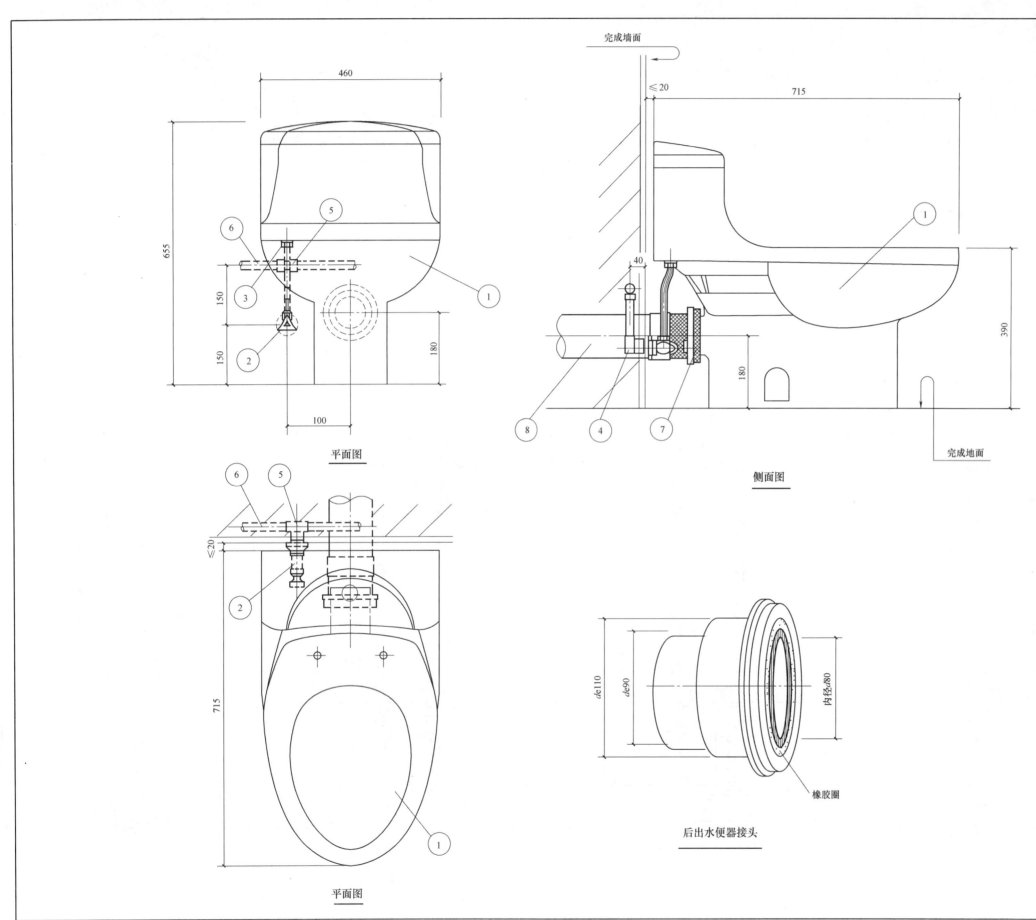

8	排水管	de110	PVC-U	米	
7	后出水便器接头	de110	PVC-U	个	1
6	冷水管	按设计	PVC-U	米	
5	异径三通	按设计	PVC-U	个	1
4	内螺纹弯头	de20	PVC-U	个	1
3	进水阀配件	DN15	配套	套	1
2	角式截止阀	DN15	配套	个	1
1	连体后出水坐便器	节水型	陶瓷	个	1
编号	名称	规格	材料	单位	数量
主要材料表					

完成墙面

平面图

侧面图

完成地面

后出水便器接头

橡胶圈

说明：

1. 本图系按唐山惠达陶瓷（集团）有限公司生产的 HD#4C 连体式后出水坐便器（冲落式、冲水量 9L/次）尺寸编制，水箱进水阀配件、进水管、角阀、固定螺栓等五金配件均有配套。

2. 后出水便器接头可采用广东省中山市中山环宇实业有限公司产品（型号为 A627D）。

平面图

附图1　坐式大便器安装标准图

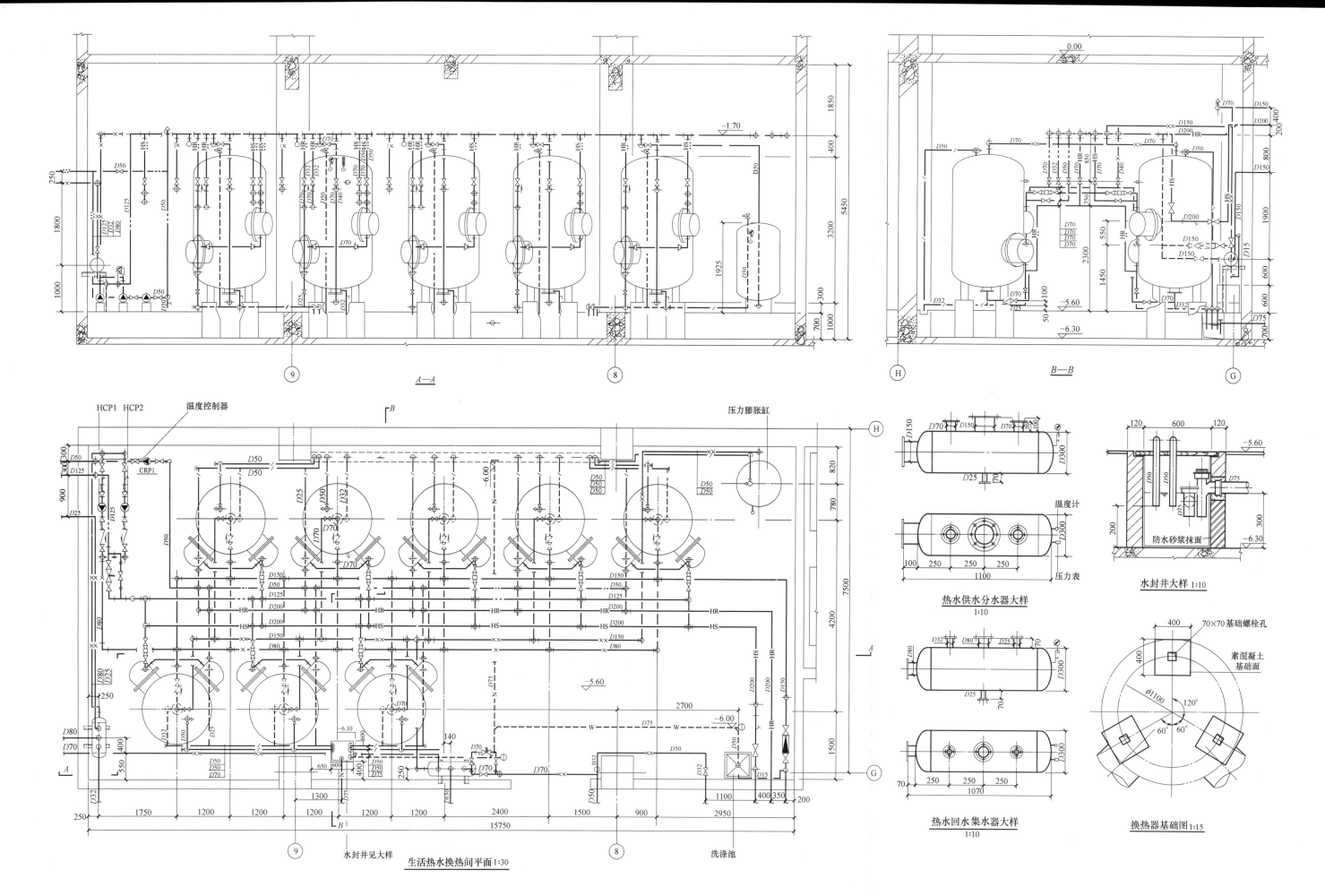

附图 6　换热间放大图

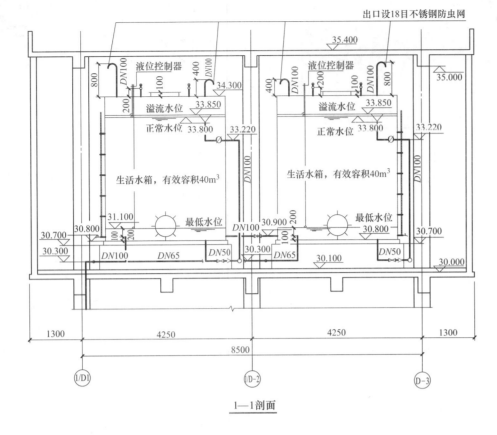

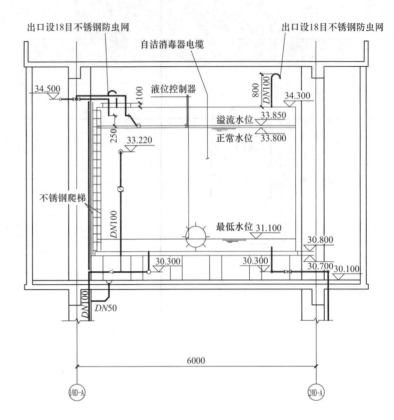

1—1剖面

2—2剖面

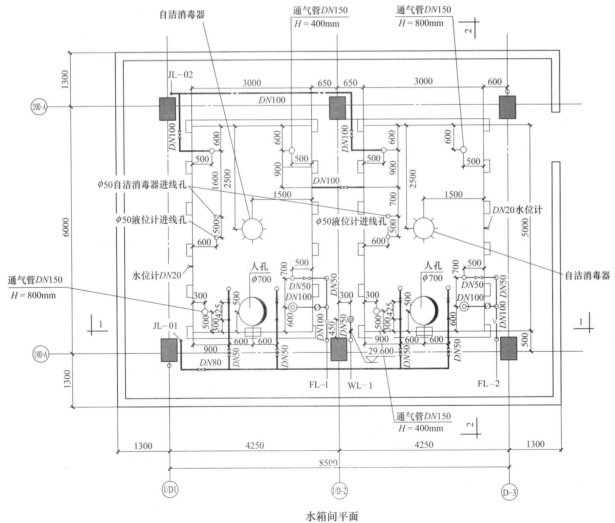

水箱间平面

注:
1.水箱基础待水箱订货后,由厂家提供参数。
2.浮球阀采用液压水位控制阀。
3.生活水箱采用食品级SUS不锈钢板,水箱的型钢底架和
垫板、爬梯及人孔盖板均由厂家配套提供。人孔盖板应采用
密闭型并带锁。

附图5 高位水箱间放大图 1:50

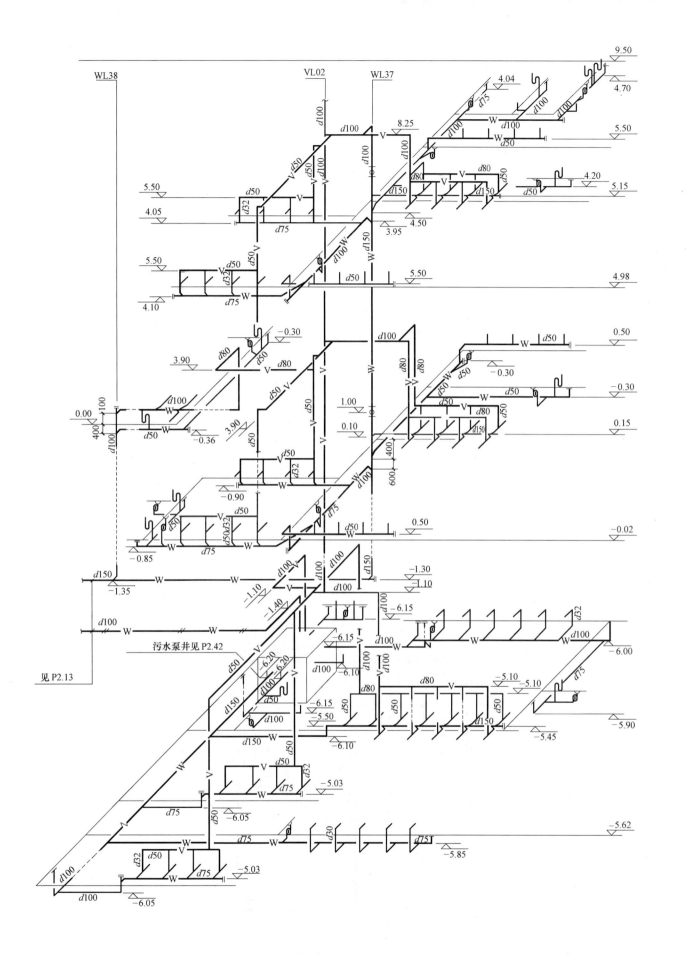

污水管透视图

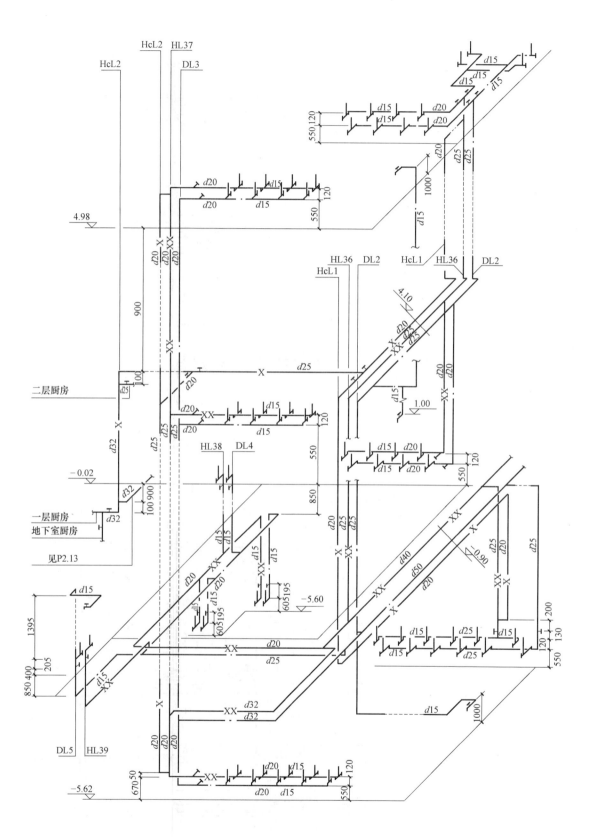

给水、热水管透视图

附图 8　公共卫生间放大图（2）

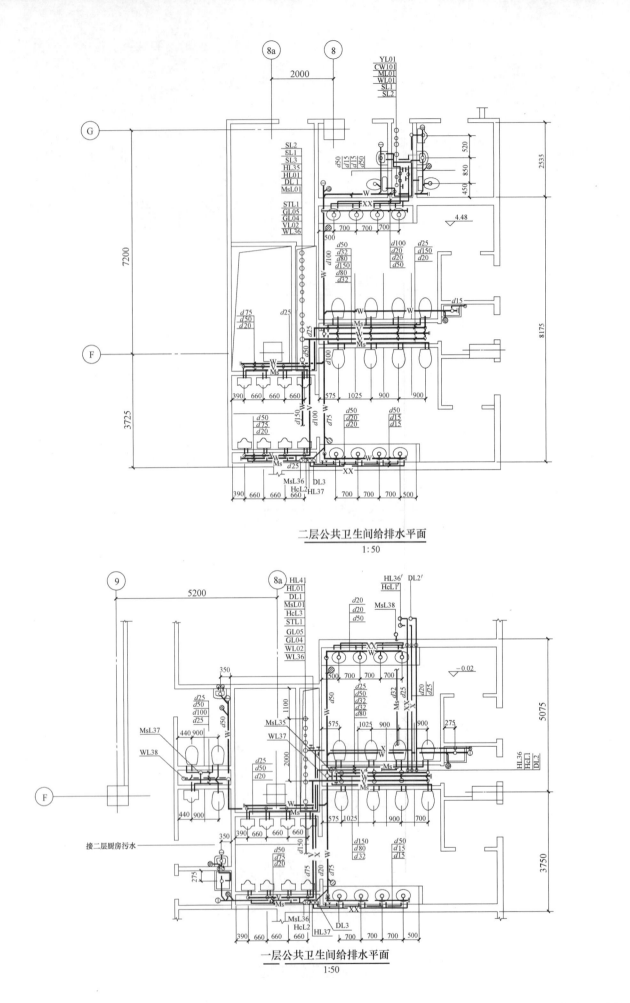

二层公共卫生间给排水平面
1:50

一层公共卫生间给排水平面
1:50

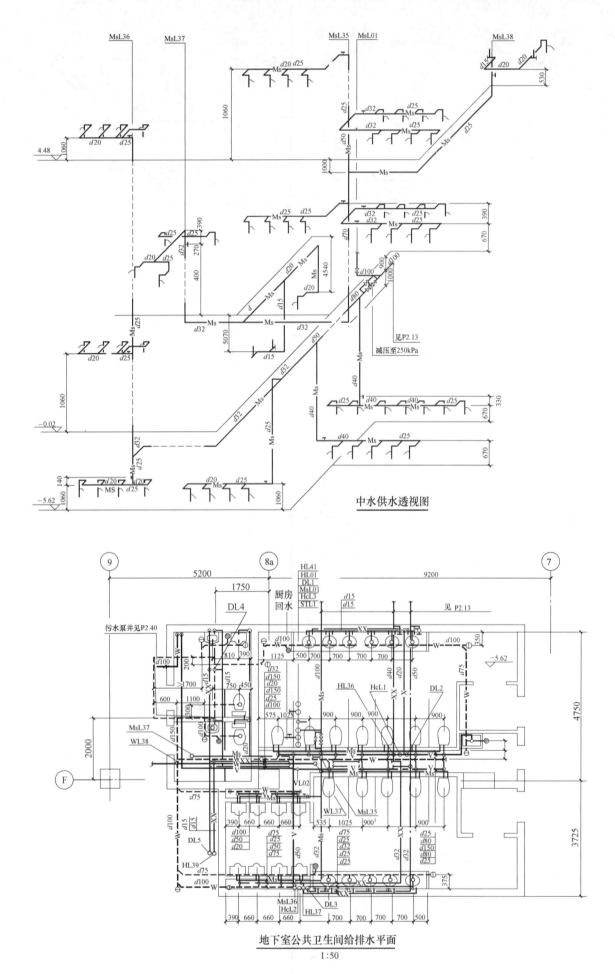

中水供水透视图

地下室公共卫生间给排水平面
1:50

附图 7　公共卫生间放大图（1）